世界の一流36人「仕事の基本」

向世界頂尖人士學習成功的基本態度

戶塚隆將 著

王榆琮 譯

36 Simple but Powerful Rules for Success

前言

為什麼世界頂尖的成功人士能在工作上獲得偌大的成就呢？

本書將會告訴你答案。

不管是創立市值排行世界第一企業的產業改革者，

全世界跑得最快的奧運金牌得主，

或是曾經得過兩次奧斯卡金像獎的好萊塢藝人，

只要能夠仔細聆聽他們的話語，我們就能從中發現成功的祕訣。

這個祕訣簡單說就是：

持續用自然的態度完成應當完成的事情，日積月累達到成功。

當我們深入探討他們的話語時，就會發現這些看似得天獨厚的超人，內心也有著凡人的糾葛和煩惱。

我們甚至會發現那些頂尖的成功人士並不是所謂的「天才」，而是和我們一樣的「普通人」。

在拙作《為什麼世界頂尖人士都重視這樣的基本功？》裡，曾經記載了我在高盛、麥肯錫工作時從上司、前輩和同事身上，以及在哈佛商學院留學時從教授和同學身上，學到的四十八項有助於工作的「基本態度」。

現在這本書則是我從媒體和書籍中，接觸到世界知名成功人士的話語後，挑出三十六項對商務人士很有幫助的「基本態度」。

我目前經營一間以培養國際化人才、協助日本企業國際化的公司。自從我獨立創業後，由於職場上已經沒有上司和前輩會給予深刻的建議，所以再次瞭解到肯照顧我的上司、前輩、同事有多麼地重要。為了能在工作上找到新的方向，我開始留意那些自己無法親身接觸的頂尖成功人士所說過的話語。還有，在尋找跳脫既有觀念以外的全新想法的同時，我也對他們的思考模式和工作態度感興趣。

所以，我將目光放在設計師、藝術家、思想家、政治家、創業家、演員、節目主持人、球團教練、慈善家、教育家、投資家、學者等在各領域活躍於第一線的一流人才。試著從他們的話語中，找出有益於工作的要素。

分析他們的發言後，我確定可以從中找出作為商務人士日常方針的觀念及工作方法的參考依據。更令我訝異的是，那些觀念和我以前從上司、同事身上學到的「基本功」有很多相同的地方。

我認為探索頂尖人士的發言所得到的最大好處就是，我們能因此掌握自己和他們之間的差距。

一般來說，頂尖人士在我們看來是難以觸及的存在。然而將他們視為遙遠雲端的存在，心懷憧憬與敬畏，只會讓自己無法追上他們，結果讓自己和他們保持很大的距離。

或是相反的，沒根據地認為「同樣都是人，和自己也沒什麼不同」，我們便不會採取具體的行動去縮短差距。

不論和他們之間的差距是一萬公尺、一百公尺，或是十公尺，如果沒有先挺起身子去目測這段距離，我們就無法踏出拉近距離的第一步。

確實理解頂尖人士話中的真意，就會逐漸明白自己和他們的差距。這樣便可以慢慢找出具體的、應該去實踐的努力方式。

本書中所有頂尖人士所說的名言，主要是用以下三項標準選出：

(1)能用在許多行業、職場中：包含了不限特定領域、職業，適用於各行各業的觀念。

(2)能在日常中實踐：包含了能讓商務人士們在平日中加以實踐，貼近日常生活的概念。

(3)能讓我們的內心產生共鳴：包含了發言者實際體驗證明，能夠引起我們共鳴的基本概念。

本書可以用各種方式閱讀。可以從第一位名人開始，一路按照順序看下去。也可以先參考目錄，直接翻到自己最感興趣的項目開始看。又或是乾脆從自己最喜歡、最感興趣的名人看起。

即便是讀者們原本已經知道的「工作基本態度」，若是可以透過本書中頂尖人士的話語，重新認識這些「基本態度」的重要性，身為作者的我也會很開心。還有，在探討那些名言想表達出的意義時，如果能讓你覺得更加拉近自己與頂尖人士之間的距離，我想本書也就達成最主要的目的了。

現在，我們就來看看三十六位世界頂尖成功人士的「工作基本態度」吧。

目錄

前言　003

第一章　定下高遠的目標

01 對目標立下誓言——尤賽恩・波特　014

02 對自己要有所期待——比爾・蓋茲　020

03 天天想像——福澤諭吉　026

04 懷抱著大膽希望——巴拉克・歐巴馬　032

第二章　確立幫助判斷的標準

05 依從自己的熱情——傑夫・貝佐斯　040

06 誠懇地做出改變——松下幸之助　046

07 要做正確的選擇——金姆・克拉克　052

第三章　積極尋求進步

08　以約束醞釀出創意——**查爾斯·伊姆斯**　060
09　不跟他人比較——**柴契爾夫人**　066
10　瞭解如何才能幸福——**井深大**　072
11　保持積極向前的態度——**伊隆·馬斯克**　078

第四章　再接再厲，永不放棄

12　從失敗中學習教訓——**歐普拉·溫芙蕾**　086
13　不要裹足不前——**勞勃·狄尼洛**　092
14　大方接受自己的失敗——**希拉蕊·柯林頓**　098

第五章 有效率地活用時間

15 將注意力集中在一點——提姆．庫克 106
16 仔細安排時間的運用——彼得．杜拉克 112
17 不要三分鐘熱度——華倫．巴菲特 118
18 在每個瞬間集中自己的注意力——桑德爾．皮采 124

第六章 以好規律控管行動

19 每個步驟都不可大意——理查．布蘭森 132
20 用心傾聽——厄尼斯特．海明威 138
21 絕對要回應他人的期待——亞歷克斯．佛格森 144
22 不要被外觀迷惑——史帝夫．賈伯斯 150
23 立志成為優秀的人——德瑞克．基特 156
專題：高盛集團的商業原則 162

第七章 讓自己挺過時代的進步

24 靠自己思考——**史都華．布蘭德** 168

25 持續追尋附加價值——**安德魯．葛洛夫** 174

26 培養出勝過ＡＩ的實力——**艾立克．施密特** 180

27 迅速地多方嘗試——**馬克．祖克柏** 186

第八章 客觀檢視自己與社會

28 自動自發地改變自己——**麥可．傑克森** 194

29 讀書是為了創造成果——**阿爾伯特．愛因斯坦** 200

30 與運氣劃清界線——**梅琳達．蓋茲** 206

第九章 尋找更好的立身之處

31 擁有志同道合的好夥伴——安德魯．休斯頓 214
32 瞄準好機會——德魯．吉爾平．福斯特 220
33 每天做好準備——可可．香奈兒 226

第十章 鼓起勇氣改變自己

34 一切先從破壞中開始——約瑟夫．熊彼得 234
35 假戲真做——艾美．柯蒂 240
36 身先士卒——艾瑪．華森 246

結語 253
參考文獻 259

對目標立下誓言

對自己要有所期待

天天想像

懷抱著大膽希望

第一章

定下高遠的目標

對目標立下誓言

夢想是免費的，但完成目標要付出代價。

尤賽恩．波特

Usain Bolt，牙買加籍短跑健將

01

Dreams are free. Goals have a cost.

跨越無數障礙的勇者

尤賽恩・波特（Usain Bolt）在二〇一六年的里約奧運中，成為一〇〇公尺、二〇〇公尺、四〇〇公尺接力賽三種項目的金牌得主。繼二〇〇八年北京奧運、二〇一二年倫敦奧運，成為此三種項目的三連霸選手，可說是一個「活生生的傳說」。前文的那句名言，就是尤賽恩・波特在社群網站上所公開的話。

雖然許多成功人士在回首過去時，常常會將「夢想」和「目標」作為對比侃侃而談。不過，這位目前仍然很活躍的現役短跑健將（注：波特已於二〇一七年世界錦標賽結束後退役）卻有如此見解，實在是讓我感到驚訝。那簡直就像是為了下一次的比賽而說給自己聽的。因此，我想要探究那句話的背景。

尤賽恩・波特曾在世界青年田徑錦標賽獲得優勝，自年少開始就是備受矚目的風雲人物。靠著身高一九六公分的大步伐，在比賽加速的模樣，讓人看了都會特別注意他天生的身體條件。在我這個外行人眼裡，他是個不需要不斷努力就可以讓才能開花結果的人。

但事實上，尤賽恩・波特曾經跨越許多人生中的障礙，並付出了非比尋常的努力。甚至克服了其中兩個最艱難的挑戰。

第一個是，尤賽恩．波特患有脊椎側彎，而這件事也廣為人知。波特的脊椎天生是左右彎曲呈S型，所以在跑步時，身體會左右大幅擺動，這樣會對小腿肌肉造成很大的負擔，尤賽恩經常出狀況。

雖然媒體曾出現波特已經到了極限的說法，但他依舊努力進行以腹肌、背肌為主的軀幹訓練，面對宿疾維持運動生涯。正如尤賽恩本人所敘述：「從教練手上拿到訓練清單時，光是看第一眼就讓我頭昏眼花了。」

第二個挑戰就是對短跑選手來說過高的身材。

過去的一〇〇公尺短跑項目的紀錄保持者，身高都是一八〇公分到一八五公分，普遍認為短跑選手起跑時需要瞬間爆發力的短跑項目，對身高超過一九五公分的尤賽恩．波特來說，十分不利。

於是尤賽恩．波特為了能讓自己的大步幅在比賽後半段加速，努力進行魔鬼訓練來加強所需的強韌肌力。據說，波特的父親曾有一次順道前往練習場，因為不忍心看到兒子進行魔鬼訓練時的痛苦模樣，而離開現場。

任誰都能「為自己得勝一次」

開頭的那句話，其實還有後半段：

「雖然你可以免費作白日夢，但將夢想當成目標時，需要付出代價。那就是時間、努力、犧牲和汗水。換成是你，你會如何為自己的目標付出呢？」

「夢想」，是虛無的。一般而言，即使無法實現也不會感到後悔吧。因為沒有許下必須實現的誓言，通常不用付出相對應的代價。反之，為了要實現「目標」，必定會伴隨著心理壓力。所以在為了實現誓言的當下，我們就會開始付出代價。

那麼對波特來說，他心目中的「夢想」和「目標」又是什麼呢?他是這麼說的：

「我想成為活生生的傳說，我知道任誰都能為自己奪勝一次，但這難在必須不停重複得勝。」

波特原本將自己的心力傾注在二〇〇公尺短跑項目中，但他瞭解到自己的體格不利於二〇〇公尺短跑項目的成績，因此在二〇〇八年北京奧運開幕的前一年，決定將目標轉往一〇〇公尺短跑項目上。之後到了北京奧運正式開幕的一個半月前，尤賽恩．波特參加牙買加代表預賽，並且在第五次預賽中的一〇〇公尺短跑項目上刷新世界紀錄。

後來波特這麼說：

「我那時只想跑得比隔壁賽道的人還快。這種單純的競爭心態，在沒有心理壓力的環境下能幫我創造出好成績。」

當時所刷新的世界紀錄，對波特來說就是自己的「夢想」。

設定好目標後，需要的「付出」也就越明確

另一方面，我們可以從尤賽恩．波特所說的「我想成為活生生的傳說」裡，判斷出他個人的「目標」就是後來在世界田徑錦標賽保持連勝的好成績。波特能達成在四年一度的奧運和兩年一度的世界田徑錦標賽中奪牌的「目標」，就是因為他在兩年、四年、八年，甚至十二年間的嚴格

訓練中「付出」自己的心血。由此可見，我們想要確實達成目標，就要像他一樣，願意花費大量的時間、努力、犧牲和汗水。

另外，波特在網路上發表「夢想是免費的，但完成目標需要許多付出」言論的前一天，媒體就已經傳出「尤賽恩·波特將延續自己的選手生涯，決定參加二〇一七年世界田徑錦標賽」的消息。換句話說，波特在網路上說的那句話，也透露出他知道自己將要「付出」多大的代價，而他也透過公開發表那句話來向自己的目標宣戰。

那麼，從波特的那句話中，我們又能得到什麼啟發呢？那就是在為自己設定目標時，一定要先正視自己需要「付出」多少。

例如當你將早起晨跑定為自己的「目標」時，你就要將養成前一天晚上不吃宵夜的習慣作為「付出」。如果你將一邊工作一邊考證照作為「目標」時，將假日或休閒時間用來念書就是應有的「付出」。

所以我建議大家在設定好目標時，也要確實面對自己的「目標」將會有什麼樣的「付出」。透過這樣的過程，你就可以正式對自己的目標宣戰。

對自己要有所期待

上天給的越多，期望也就越多。

02

比爾．蓋茲

Bill Gates，微軟公司共同創辦人

From those to whom much is given,
much is expected.

不要嫉妒，要大方讚賞

長期占據世界首富之名的比爾．蓋茲（Bill Gates），其個人資產大多捐進「比爾與梅琳達．蓋茲基金會」裡，並宣布將用於慈善活動上。開頭這句話是出自二〇〇七年哈佛大學畢業典禮上的演講，當時比爾．蓋茲是微軟公司的全職董事長，不過在翌年時，他卸下董事長職位，並表示今後會把所有心力用在經營基金會上。比爾．蓋茲在演講中，用很長的時間說明基金會的成立宗旨是為了消弭世界上的不平等現象，而他也試著讓哈佛大學的師生們認同基金會的活動。

其實，我最初對比爾．蓋茲的演講不是很在乎。

因為像他這種事業有成的美國人，大多會在餘生致力於慈善活動，因此他的決定可說是見怪不怪，所以我那時用有些隨便的態度聽比爾．蓋茲演講。畢竟比爾．蓋茲的電腦公司在實質上已經獨占全球市場，而且也是賺取許多人錢財的世界首富，一聽到他說「我想要消弭世上所有不平等的現象」時，我不由得在心中對著比爾．蓋茲頂嘴：「你不也是代表貧富不均的象徵嗎？」

再說比爾．蓋茲即使將多數個人資產捐到基金會裡，但他也不會變得身無分文。總之，當時我認為生活不會因為捐出財產而陷入困境的比爾．蓋茲，沒有獲得大家讚賞的價值。

要是在日本也有個億萬富翁做出同樣行為時，我們又會如何看待呢？我想媒體也許會天天把焦點放在該名富翁的捐獻金額和剩餘資產吧？還有富翁的豪宅和別墅不但會成為大家茶餘飯後的話題，而且在富翁獲得正面評價的同時，大眾也可能會對他產生出莫名的反感。事實上，我在聽比爾‧蓋茲的演講時，嫉妒的感受的確比讚賞他的想法還要強烈，所以一直很難將比爾‧蓋茲的演講內容聽進去。

不過，我後來卻逐漸被比爾‧蓋茲的話吸引。那就是我看到聽演講的哈佛教授、學生、家長、畢業生等許多人，不吝惜地對比爾‧蓋茲鼓掌。

很明顯地，在場所有與哈佛相關的人們，全都打從心底歡迎比爾‧蓋茲的到來，並且支持比爾‧蓋茲的想法。我能感受到他們對於比爾‧蓋茲的演講，確實是讚賞多於嫉妒。

從有能力的人之中脫穎而出

或許是因為比爾‧蓋茲在創辦微軟公司後，進而成為資訊革命先驅的關係，如今轉換跑道展現出對於改變社會的願景和領導力，才會獲得表示贊同的掌聲。比爾‧蓋茲本身的存在，可說是在競爭社會下獲得成功的大人物，全校師生當然會大方的給予鼓掌。

但只要冷靜思考，我們就會發現比爾‧蓋茲只是單純分配出自己的個人資產，不可能真正消弭世上的貧富不均。其他有權有勢的人還是照樣維持富裕的生活，無法真正改善窮人的貧困狀態。不過，開創微軟公司的比爾・蓋茲身為企業家，若是盡力活用自己在業界的領導地位和創造力，轉換跑道開始經營慈善事業，試著消弭世界上的不平等，或許真的能提高解決社會問題的可行性。

擁有「突破力」的人可以讓周遭人接受自己，並持續地脫穎而出。而比爾・蓋茲也靠著這種能力，不斷突破現實環境對我們的限制。而且在他有能力活用出人頭地後所賺的資金時，也毅然地將這筆錢回饋給社會。

我剛開始認為比爾・蓋茲本身就是社會貧富不均中的代表人物，然而這種想法反而是錯誤的。因為我看到這個有突破力的人，反而會想扯他的後腿，以為這種想法才能消除貧富不均的現象。然而我的這種想法，因為哈佛大學的師生們在校園內用心聆聽比爾・蓋茲說話，而被打斷。

接著在後半段的演講裡，我開始被比爾・蓋茲的話打動，而那就是本節開頭要介紹的那句話。那句話其實是和癌症搏鬥的比爾・蓋茲之母在家書中想要告誡比爾・蓋茲夫婦的內容。

「期待」能讓你動起來

其實像比爾・蓋茲之母所說的那個教誨，我在哈佛商學院念書時也常常聽到類似的話。而這類話要表達的就是一個人的能力足夠「受到大家的期待」。哈佛商學院的教育方針是以培育出有領導力的學生為主，所以訓練出很多「受到大家期待」的領導人才。

那麼，為什麼要用「期待」這個詞呢？畢竟這個詞有一點「因為背負著大家所提供的資源，所以有義務回應這份期許」的意味。這其中多少含有命令的成分，雖然聽到這句話的人不至於產生反感，但只要是人通常都不喜歡被他人所命令。

不過，當我們被人用了「期待」這個詞後，也會更加意識到自己的尊嚴，所以會為了回應期許而挺起身子工作。因為「期待」不是強迫對方遵從「義務」，而是引導人們可以自然展開行動的神奇詞語。

其實，我們在進行自我管理時，也可以用「期望」代替「義務」。以「期待」維繫行動時，可以讓我們變得更有效率。就像比爾・蓋茲視母親的教誨為圭臬，所以我們也能發現比爾・蓋茲將母親的教誨活用在自我管理當中。

在我們的日常事務當中，常常會被加諸著「非做不可」就等於「義務」的觀念。但當你的工作堆積如山時，不妨別當作自己在盡「義務」，而是在回應他人的「期待」。比爾・蓋茲所推崇的這句話就像魔法一樣，可以讓我們的內心產生出一股力量。而這股力量將會推著你往前邁進，成為讓你獲得成長的原動力。

天天想像

想像就是行動的原型。

03

福澤諭吉

啟蒙思想家

日本近代最偉大的企業家

在這裡，我們也來介紹一下日本前人所說的名言吧。本節開頭的那句話是我國近代史中最著名的偉人所說的，此人同時也是我的母校慶應義塾大學的創辦人。

沒錯，他就是福澤諭吉。

在明治初期，福澤諭吉出版《勸學》一書，在發售後的幾年間達到七十萬冊的絕佳銷售量。從當時總人口不多以及讀書人口較少來看，這個數字就相當於在現代的日本創下百萬冊銷售量。《勸學》裡有一句很有名的話，那就是「上天不在人之上創造人，而在人之下創造人」。這句話的由來有很多種說法，有人推測是從美國獨立宣言中擷取其中一段話的意譯。

而本節所介紹的「想像就是行動的原型」，是節錄自福澤諭吉在晚年時的著作《福翁百話》中的第六十三話。「想像就是實踐的起點」，如果我們考量一下福澤的學識，這句話或許就像「上天不在人之上創造人」，也是他先從某處聽到後，再加以修改潤飾為自己的觀點吧？

不過，比起探討福澤諭吉是否參考過古人的文章，我倒認為這句話由福澤諭吉的口中說出，反而透露出更重要的訊息，因為其中包含了福澤諭吉的處世之道。

福澤諭吉身為「明治六大教育家」之一，是一位頗富盛名的人物，同時他也是引導日本邁向近代化的啟蒙思想家。但我認為福澤諭吉不只是教育家、思想家，同時也是日本近代史上最偉大的企業家。因為福澤諭吉的各種事蹟，簡直堪稱企業家的典範。

「企業家」是引領社會創新的源頭

福澤諭吉曾遠渡重洋前往歐洲一次、美國兩次，能用流利的荷蘭語、英語和當地人交流，因此才能將各種歐美文化及科技引進日本，他也因此成為讓日本邁向現代化的重要推手。福澤諭吉除了創設日本銀行之外，也將近代的銀行制度、郵局法、徵兵制度、選舉制度、議會制度等觀念引進日本。此外他創辦《時事新報》，為現代的日本媒體定下基礎。在醫療上，他設立過傳染病研究所。以上這些企業家的事蹟，足以證明福澤諭吉是不折不扣的企業家。

福澤諭吉徹底實踐自己所學，將自己學到的知識活用於社會。《勸學》中，有一段文章表示「讀書是探求學問之道，而學問是成事之道」。意思是「讀書是習得學問的方法，學問則是在社會中達成目標的方法」。由此可知，福澤諭吉想要強調求學不只是獲得知識和思想的方法，重要的是還能作為工具去實踐目標。

受到福澤諭吉薰陶的學生們，也因為這個觀念而在日本社會的各方面產生了很大的影響力。若是以現代觀念來形容，福澤諭吉所完成的各種事蹟，等於是達成育成中心（Business incubators，培養事業的創意使其現實化的機制）的實績，而這也正是典型企業家會從事的行為。「創新理論」是由一位名為約瑟夫．熊彼得的經濟學者所提出。他的著作《經濟發展理論》將企業家定義為「誕生創新的泉源」。換句話說，企業家和所屬組織的大小、型態、分野、是否營利、職位不相干，只要是一個積極嘗試，勇於挑戰嶄新事物的人，我們就可以稱他為企業家。

也因此，企業家這個詞在現代不只是代表新創企業的經營者，我們和我們身邊的任何人，都可以是在生活中的企業家。當我們每個人都可以秉持企業家精神，就可以按照創意去實踐目標，以此讓整個社會獲得創新。

而福澤諭吉所說的「想像就是行動的原型」，就是這些觀念的簡潔表現。

如果沒有「行動」，那麼「想像」不過只是腦中的創意。不過，要是沒有「想像」你就不會想展開「行動」。當你出現「如果能這樣就好了」、「如果有這個東西就好了」的想法時，就能跟著產生夢想和目標，接著若能加上創造力和熱情，就會讓成果產生雛型。

想像和夢想是許多事物的起點

有一位美國人曾說過：

「如果你能想像，就代表你有能力可以實踐。」

"If you can dream it, you can do it."

這位美國人在孩提時喜歡畫出各種「想像」中的圖畫，甚至在他的一生中，也因為自己的龐大想像力，而在世界上開創出龐大的事業。

這個靠著想像力闖出一番事業的人就是華特・迪士尼。

迪士尼的這句話其實和福澤諭吉很相似。他不但重視親自實踐目標，也表明所有起點都是始於想像和夢想。而且這兩人後來也各自實現了自己說過的話。他們能夠產生出新的想法並主動加以嘗試，可以透過不斷挑戰讓腦中的創意成真，所以這個世界才能因他們的奉獻而出現重大的改變。

即使你只是默默地想像，只要在心中持續保有想法，又或是曾經試著讓創意成型，實現成果的可能性就絕對不會消失。甚至可以說願意去想像就是要更加地肯定自己。你還能讓想像力化為幫助自己完成挑戰、邁向目標的原動力。

懷抱著大膽希望

正面迎向困境，
正面迎向未知，
這就是無畏的希望！

巴拉克・歐巴馬

Barack Obama，前美國總統

Hope in the face of difficulty.
Hope in the face of uncertainty.
The audacity of hope!

04

一分鐘內吸引所有聽眾的魅力

二〇〇四年的夏天，民主黨在波士頓舉辦全國代表大會。當時連任三次伊利諾州議會參議員的巴拉克·歐巴馬登台演講。那時他的工作是幫民主黨總統候選人約翰·凱瑞（John Kerry）站台，而且還是以新人的身分破格進行主題演講。

後來，演講獲得極大的成功。隔日各大報紙都印著「歐巴馬到底是何方神聖？」的標題，就連電視新聞主播也預言：「將來有望選出美國第一位非裔總統。」許多媒體對歐巴馬的表現讚不絕口，歐巴馬就在此刻一躍成為全美矚目的焦點。

歐巴馬在演講時，花不到一分鐘的時間就吸引所有聽眾的注意。他一開始介紹自己的父親生於肯亞，是透過獎學金的資助來到美國這個「希望國度」。

在演講中，歐巴馬也說了一段自己的故事。他承自父親的名字「巴拉克」，在肯亞有「受上天祝福之人」的意思。歐巴馬的雙親原本很擔心這個名字對美國人來說會很怪異。不過，他們最後還是決定為歐巴馬冠上「巴拉克」的名字。因為他們相信在美國只要肯努力、肯忍耐，就能取得無限多的機會。名字的好壞不會對兒子的成就造成障礙。

歐巴馬在演講上坦誠自己的家世背景，也告訴大家這個「希望國度」，讓他這位非裔人士有機會站在總統大選前的民主黨全國代表大會上，並且宣揚實現美國夢的美妙之處。演講中說了一些具體的人名、地名，以及在各處親身經歷過的體驗。當歐巴馬有節奏、有自信地說出這些內容時，會場中所有人全都認真聽他講自己的故事。從演講上，你可以感受到歐巴馬本人發自內心地表達自己真誠的想法。

順帶一提，雖然我在二〇〇四年時在哈佛商學院留學，但夏天當時由於我必須離開波士頓辦事，因此對自己無法現場聽到歐巴馬演講感到很可惜。

勤勉和忍耐能帶來希望

通常每場演講在接近後半段時，往往會出現最扣人心弦的內容。歐巴馬的演講上，從後半段開始強調人民必須懷抱著「希望」，不要有「過於放鬆的樂觀主義」。換句話說，他否定只會仰賴他人的行為，以及不展開行動實踐目標。接著，他又說了一句：「我們要滿懷著希望。」

「圍在火堆旁，渴望自由的奴隸。划著船遙望遠方海岸的移民。以及有著怪名字的移民小孩……」歐巴馬稱這些人都「滿懷著希望」。那時他所說的有怪名字的移民小孩，或許指得就是繼承自非洲傳統名字的少年歐巴馬吧？

後來，歐巴馬還起了一個頭：「正面迎向困境，正面迎向未知，」再用充滿感性的語調大聲說：「這樣就是無畏的希望！」如此聲明就像是感謝在天國的雙親，同時也把自己內心裡的想法吶喊出來，向世人宣告自己將準備四年後的總統大選。

進入政界時，歐巴馬還只是一個默默無名的地方議員，不過在他為演講擬好草稿的那段期間，或許就已經鎖定好四年後出馬角逐總統之位。他的這種發展就是在實踐自己所說的「正面迎向未知」、「懷抱無畏的希望」吧？

我想歐巴馬在演講中，最想貫徹的就是父親的信念吧？他的雙親相信勤勉和忍耐可以抓取到「希望」，並以此信念將兒子撫養長大。我認為歐巴馬說的「懷抱無畏的希望」，能解讀為雙親默默教育兒子「在困境中看出絕大的希望，並且為了實踐而忍耐不懈、發憤圖強」。

所以歐巴馬的演講中，並不是只有光鮮亮麗的好聽話，而是將自己和家人之間的親身體驗、信念誠懇地說出。而這樣的結果，讓聽眾更想看到歐巴馬在政壇活躍時所展現出的「希望」，同時也因為歐巴馬而受到良性的刺激，開始也對未來懷抱著「希望」。

越是展現實力，目標也就越大

我們都知道，古今中外的領袖們常常會脫口說出以「希望」為主題的理念，所以大家聽到「希望」這個詞時，多少會覺得那不過是陳腔濫調罷了。但是，我們能常常聽到這個詞，也是因為其中充滿了良好的本質。此外，雖然大家都知道要將「懷抱著希望」當成勉勵自己的話，但確實實踐這個觀念卻是知易行難。

那麼，我們要如何才能讓這個最基本的勉勵成為養分，進而產生出成果呢？首先，我們不能只在腦中理解這個必須遵守的戒律，而是要有意識的重複讀取、重複聆聽，對自己的內心進行陳訴，使其浸透入我們的潛意識。我個人的經驗就是反覆聽歐巴馬的演講，讓自己的內心銘記著這個勉勵。當我陷入低潮時，我就會戴起耳機聽演講。每當我聽到「正面迎向困境，正面迎向未知」時，就會重新看待自己的煩惱，或是將不值得記下的小煩惱忘掉。而當歐巴馬大聲講到「這樣就是無畏的希望」時，我就會想起我個人的目標，以及想像數年後的自己又會是什麼樣子。

目標這種東西是是越逞強就會變得越大，不過也能因此讓成功實現的可能性變得比想像中的更高。就像以前的世界裡，大家都不覺得美國會出現一位非裔總統，但只要懷抱著希望，持續努力、忍耐，就能創造出意想不到的「奇蹟」。

第一章｜總結

● 對目標立下誓言

設定目標時，要確實地正視達成目標的路線及必須付出的努力，而且還要對目標立下必定完成的誓言。

● 對自己要有所期待

不要把自己必須進行的任務當成是在盡「義務」，而是要當作自己在回應大家的「期待」，並且以此刺激自尊心，讓自己動起來。

● 天天想像

在你每天想著「如果我能那樣做該有多好」的同時，就要準備動起身子實現這些想法。

● 懷抱著大膽希望

懷抱著勇於面對未知的無畏希望，並且立下必須使出全力才能完成的遠大目標。

依從自己的熱情

誠懇地做出改變

要做正確的選擇

第二章

確立幫助判斷的標準

依從自己的熱情

到頭來，
我們的選擇
塑造了我們的人生。

傑夫．貝佐斯
Jeff Bezos，亞馬遜網路書店創辦人、董事長兼任執行長

05

In the end, we are our choices.

多考量「機會成本」

這句話摘自二〇一〇年美國普林斯頓大學的畢業典禮演講，當時傑夫・貝佐斯（Jeff Bezos）將這句話分享給所有應屆畢業生。

在美國教育界，許多一流大學相當自負於「給予學生充分的學識、自信和人脈的基礎」的觀念，尤其在畢業典禮這個學業的最後舞台，學校會將更基本的人生指導獻給所有畢業生。而貝佐斯也按照校方的指示，在講台上「選擇」出他送別學生的話。

這個演講中，他先告訴大家自己在十幾年前的華爾街上賺到人人稱羨的高額報酬，以及辭去原本的工作後，用那筆錢成立亞馬遜網路書店時的心路歷程。他以「到頭來（In the end＝到最後，最終的）」為開頭，再引用哲學家尚－保羅・沙特（Jean-Paul Sartre）的「我們全體的選擇塑造了我們的人生」作結尾。

在這邊，我們來分析一下貝佐斯的那句話，到底在「我們的選擇塑造了我們的人生」當中，貝佐斯想表達什麼重點？

他在華爾街工作時，曾和自己尊敬的上司商談自己想創辦亞馬遜網路書店的計畫。上司聽了之後，就這麼回答：「我覺得這個想法很棒，但如果是由沒有好工作的人想出來的，我會覺得更好。」

貝佐斯的上司想表達的意思是：「你本來就有一份好工作，不過要創業的話就代表你將要放棄這個工作。勸你最好多想想這之間的利害得失。」若要用比較冷冰冰的說法，就是：「你要衡量其中的機會成本，說不定創業後反而會有更多損失。」

你也許不常聽到「機會成本」這個詞，但這其實是經濟學上的概念。簡單來講就是：「當你選擇其中一種行動時，另一種沒選擇到的行動將會得出你本來有機會獲得的利益。」例如有一個人，他在大學畢業後考慮自己是否要升學念研究所。如果他選擇升學，那他就必須直接消耗學費開銷。除此之外還得不到選擇就業時會賺到的薪水。所以將「學費開銷」和「選擇就業會得到的薪水」相加，就是選擇升學的「機會成本」。

貝佐斯當時就是辭去華爾街的工作自己創業，而原本公司會給他的優渥薪水將會成為創業的「機會成本」。換句話說，他的上司希望他能多考量自己創業的利害得失。

「給予」和「選擇」

上司對貝佐斯說了這番話，然後貝佐斯也花了四十八小時的時間考慮自己要不要創業。當然，他也有考量到其中的「機會成本」。即使如此，貝佐斯最後還是「選擇」辭去工作，創辦亞馬遜網路書店。貝佐斯說自己當時：「要是沒有挑戰創業的想法，以後就會因為『當初沒有下決定挑戰』而感到後悔。」

貝佐斯後來在演講上也用兩個詞作對比。那就是「給予」（gifts）和「選擇」（choices）。前者代表才能和家世，也就是「受他人給予」的條件。教育對大部分的人來說，也一樣算在「gifts」的範疇。因為能受到良好的教育，通常不需要本人的努力，一般情形下都是因為家庭願意對子女做出教育上的支援。

在演講時，貝佐斯對每位普林斯頓大學畢業的精英說：「你們大多是『受他人給予』才能有今天的成就。」貝佐斯認為在「受他人給予」之外，更要擁有「自行選擇機會」的尊嚴。還有，貝佐斯也認為回憶並列舉出自己曾做過何種「選擇」，能作為將來必須面臨抉擇時的簡單參考。透過一次又一次的自主的「選擇」，將累積下來的經驗作為參考人生發展時的方向，也能讓我們獲得持續性的進步。

「別再讓自己只能『接受他人的給予』，不如自己發起全新的挑戰，主動進行『選擇』。」這就是貝佐斯想要傳達給大家的意思。

靠自己的熱情來進行抉擇

我認為「機會成本」有時也會成為人生抉擇上的重大障礙。例如我自己，當我考慮辭去高盛公司的工作，準備自費前往哈佛商學院留學時，也很現實地檢討機會成本的問題。另外，我回國後在麥肯錫上班時，也考慮過退休金的問題，以及日後獨立創業時必須考量的機會成本。

當一個人有各種選擇時，就會有更多的機會成本必須考慮，而這當然會讓人更加猶豫。但相反地，如果可以選擇的項目越少，機會成本的考量就越不複雜，也就越能輕易地做出決定。

所以當我們在選項過多的時候，就該有一個機會成本以外的「標準」來進行判斷。

想必貝佐斯在華爾街工作時，也擁有過許多伸手可即的選項吧？所以在他的演講中，說出自己在最後決定「創辦亞馬遜網路書店」時的標準。

「依從自己的熱情，乾脆地選擇真正想要的道路。」

"I took the less safe path to follow my passion."

沒錯，對貝佐斯而言，「熱情」就是他的選擇標準。

在找工作或人生當中，我們多少會遇到必須直接考量複數抉擇的時候。而貝佐斯的標準就是將「依從自己的熱情」作為最主要的參考標準。不管你想比現狀還要更進步，或是在新環境中破殼而出，需要考量到的標準不只有機會成本，你也能透過「感受自己的熱情」重新整理原有的選項，然後再積極面對自己的抉擇。

誠懇地做出改變

一日三轉吾思。

06

松下幸之助

Panasonic 集團創辦人

不要害怕改變，要精益求精

一手創立松下電器（現為Panasonic集團）這個大公司，並且被日本人稱為「經營之神」的松下幸之助，留下了許多富有意義的格言。即使在他離世超過二十五年的現在，他說過的話也依然不顯老調重彈。尤其是本節所要介紹的，更是我想跟大家一起探討的話。

「一日三轉吾思」跟朝令夕改（意指無法穩定實行方案，經常臨時改變原本的主張）的意思不同。那麼，為何松下先生會說出這樣的話呢？我第一次聽到這個話時，就對其中所隱藏的含意感到很有興趣。

松下先生說的一日三轉吾思在其著作《道路無限寬廣》（道をひらく）中有詳細的說明。那其實是從曾參所說的「君子一日三省吾身」引用過來，以下就是松下對一日三轉吾思所做的說明：

「君子應當每日三次修改自己的思維，要誠懇面對新事物，並產生全新的構思。」

松下先生認為人類是害怕改變的生物，也認為人類應該每天做出全新的發展，所以「不停改變思考保持進步」才是正確的觀念。

當你看到一個人「一日三轉吾思」時，或許會覺得他看起來很優柔寡斷，思考和行動顯得表裡不一。在一天之內改變好幾次原本的打算，確實會讓旁人覺得這種人的思考能力很不穩定。其實，松下先生說出這句話的本意並不是要贊同這種人。那麼，這其中又有什麼特別的含意呢？

讓大腦保持資訊的輸入和輸出

就在我這麼想的時候，我隨手將松下先生的著作打開來看，突然發現一幀令我特別在意的照片。那就是位於作者介紹上的大頭照，照片中的松下先生露出他那招牌的「大耳朵」，所以讓我留下深刻的印象。

松下先生有著一對大大的招風耳。看到這個模樣時，我腦裡開始浮現了一個推論：「或許松下先生是積極側『耳』傾聽的人。」

在松下先生的眾多著作中，常常能看到要用「誠懇的心」認真聽人說話的觀念。在探討他的成功經驗時，其中的要因之一通常也是「誠懇地將他人的好想法聽進去」。

「懷抱誠懇的心很重要」，由於這是常常會聽到的基本觀念，所以在所有松下先生的名言中，就只有這個觀念一直沒有讓我留下印象。直到我看到松下先生的招風耳後，初次很直覺地理解到「誠懇的心真的很重要」，同時也發現「一日三轉吾思」的含意。

其實這句話的含意不是字面上的那樣一天做出三次「改變」，而是每天接觸新的「知識」，吸收為己用後再轉化為新的行動。每天至少這麼做三次，才能讓自己「進步」。所以松下先生不是要我們不管如何，先改變兩、三次原本的想法再說，而是要透過誠懇聆聽，將吸收下來的知識化為自己的思想、行動，使我們自身獲得全面的改善。

另外，松下先生也說過一段很有意義的話：

「知識是道具，但我們不能成為知識的奴隸，而是要成為知識的主人，如此才能無限活用知識的功效。」

松下先生從小學中輟後，以九歲的年紀在社會上開始打滾。什麼都沒有的他，只能徹底的從工作中學習知識，畢竟他小時候沒有機會能好好在學校中讀書。也因為這樣，他產生強烈的意識，知道學習不是只為了讓自己強記知識，而是要藉由知識使自己成長、並讓事物有所進展。松下順從先天弱勢的現實，養成誠懇聽從周遭意見並加以活用的習慣，這不但成為他最強的武器，同時也因此讓他成長為超級頂尖的商人。

用別的方式來形容的話，那就是對松下而言，聽人說話就是將知識「輸入」到腦中的功能。而透過取得的知識產生行動的功能則可以定義為「輸出」。松下肯定是讓自己設定在必須頻繁切換「輸入」、「輸出」的功能。這個動作雖然說起來容易，實際上做起來卻一點也不簡單。

如果只是一天吸收三次不同的新知識，當然沒有什麼難度。但一個人可以輸入知識後，還要每天保持輸出知識的習慣，就只能說他是一個很了不起的高手。這絕非光靠一般人的意志力就能做到，由此我們可知松下先生每天都過著十分的緊湊生活。

挑戰日常中的每個小細節

這讓我想起自己以前在哈佛商學院留學的回憶。哈佛商學院的所有課程，都是以案例研究法的形式進行申論。課堂上會舉出現實中的人物當案例，然後每位學生都要以「換成是自己又該如何」為前提，準備好結論和根據來和其他九十位學生進行申論。

這個課程要求在事前預習大量的課題。但這不是單純在課堂上對知識提出質疑，而是將焦點放在「如何活用知識，並且靠知識展開正確的行動」。這個機制，就像松下先生重視「隨時設定好知識的輸入和輸出」的觀念。

當然，哈佛商學院的案例研究法畢竟是模擬實際情況的實習課程，和松下先生自九歲起就在嚴厲的現實環境中實踐這種觀念相比，松下先生實在是堅強多了。不過，將知識的輸入和輸出化為一體，並且隨時隨地身體力行這一點，我認為兩者可說是異曲同工。

建議大家不妨以此觀念挑戰日常中的每個小細節。早上時能用眼睛將新聞資訊輸入到大腦中，並試著讓這個資訊用在工作的創意上。中午時要和同事交流意見作為工作參考，當天下午要將得來的資訊作為新的企劃案，向上司提出。松下幸之助為了讓自己成長而求知若渴的觀念，即使跨越時代也是非常值得參考。

要做正確的選擇

記得你是誰。

金姆．克拉克
Kim Clark，前哈佛商學院院長

07

Remember who you are.

推廣領導者教育的熱情

哈佛商學院的所有課程中，最典型的就是會舉出實際企業和人物的案例研究法，這種教學方式讓學生在教授發起的研討會中盡情地在學問上進行申論。不過，期末的最後一堂課就是例外了。因為在傳統上，每個班級的教授會送給畢業生一段祝福的話。而本節要介紹的就是前哈佛商學院院長——金姆．克拉克（Kim Clark）教授，在最後一堂課中送給畢業生的話。

金姆．克拉克教授出生於猶他州，而且在熱心於教育的家庭環境中長大。高中畢業後就立刻移居到美國東部，並在哈佛大學就讀。當他從經濟系畢業後，進入哈佛大學研究所，後來順利取得博士學位。一九七八年開始在哈佛商學院任教，院長任期則在一九九五年到二〇〇五年間。

我留學哈佛商學院的期間，常常可以看克拉克教授，不過那時他已經擔任院長，因此沒有親自擔任班級的指導教授。最讓我印象最深刻的就是克拉克教授在開學典禮和畢業典禮中，始終保持著冷靜大方的態度，而且會和每一位學生面對面交談。從那時我就明白克拉克教授只要身處於培養領導者為重的哈佛商學院中，就會將自己的工作熱情全部投入在領導者教育裡。

在美國的大學裡，教授們常常會為了專攻擅長的領域，而積極改換自己所屬的學院、研究所。因此先在普林斯頓大學待過，再轉往哈佛的研究所，然後再到史丹佛擔任教授的過程是很常見的經歷。因為美國學界鼓勵每個學者積極在各種學術環境進修，成為一個混有各種「血統」的人才。他們認為如此才能獲得多樣化的經驗，以及從累積的知識中獲得進步。

而克拉克教授也是擁有這種經歷的人，雖然他的大學、研究所的教學經歷都是在哈佛大學任教，不過他是先從傳統的經濟學開始起步，之後為了讓自己得到不一樣的「血統」，才決定轉往以實踐經營學為主的商學院。我想也許是因為哈佛商學院的教育理念特別重視「培養未來的領導人才」，所以讓他特別有共感吧？

照自己的善惡標準作判斷

現在我們知道克拉克教授是全心全意地投入領導者教育中，而他在哈佛大學送給畢業生的話，其原文就是簡單的一句"Remember who you are"。照原文翻譯的意思為「記得你是誰」，而這其中還可以有各種延伸解釋。那麼，到底這四個簡單的英文單字，從克拉克教授口中說出又會有什麼含意呢？

其實，這並不是克拉克教授自己原創的話，而是他讀小學時母親常常告誡他的教誨。據說克拉克教授的母親為了將兒子培養為模範領導者，相當致力於精英教育。這句話的前面還有一段話，而克拉克教授的母親也常常如此告誡：

「今天你也要成為大家的領導者。不管你的決定是對還是錯，都要堅定自己的信念，不要被他人的閒言閒語影響。」

"You go out there today and be a leader. Stick to your guns about what you know to be right and wrong, and don't let anyone else drag you around by the nose."

想必母親的這段教誨早已深深刻印在克拉克教授的心頭了。克拉克教授的母親告訴他面對事情時，不論是否正確都要時常反省自己，並且用自己的標準進行判斷。而在經過好幾年後，克拉克教授以哈佛商學院院長的身分，也把這段話傳達給許多學生瞭解。

美國在二〇〇〇年的社會背景裡，因為安隆公司的財務造假醜聞，以致美國商界的道德、善惡價值標準受到世人嚴格的檢視。由於美國是個激烈競爭的資本主義社會，所以商界道德和追求股東利益的觀念常常會讓商務人士處於矛盾之中，而身為一位企業領導者更要在這兩者之間深思熟慮。只要選錯了，公司的員工們就可能會面臨裁員的窘境。但如果選了另一個，就可能會遭到股東們的抵制，並讓股價瞬間爆跌。所以在這個不得不顧好收益的壓力中，很多商務人士會因為誘惑而跨過道德界線。

面對沒有正確解答的問題更要靠自己找出答案

克拉克教授的母親確實說出了一段特別有含意的教誨。其中最讓人玩味的就是她沒有要自己的孩子「做正確的事」，而是要孩子「自己判斷是非對錯」。這個訊息的前提就是不管是非對錯如何，每個人各有自己的善惡標準，不是遵守他人所訂立的正確標準就一定會是正確的選擇。這完美表現出現實社會中要靠個人判斷對錯是很困難的事。

“Remember who you are”的“remember”表達的是「詢問過往的自己來找出答案」，而“who you are”則是檢視自己「是否也有屬於個人的善惡標準」。換句話說，這簡單四個英文單字，能解釋為「不要喪失自己原本的信念」。

哈佛商學院實施案例研究法的主要目的就是訓練學生面對沒有正確答案的問題時，能靠自己找出答案。學生們會將自己代入在案例人物的立場上，時常詢問自己「換成是自己又該如何」。克拉克教授在最後一堂課中，會一邊介紹自己小時候的故事，一邊告訴大家商界道德的重要性，同時還會突然問起學生「換成是你自己又該如何」。如此的教學熱情和巧妙的上課方式，實在讓人不得不佩服他真是一流的教育工作者。

在我們的職場裡，多少會不得不踏進法律和道德上的灰色地帶。此時也免不了在是非之間產生天人交戰，會懷疑自己的善惡標準是否是正確的選擇。而這也不禁讓人覺得我們個人要在平時累積經驗，嘗試用自己的判斷力解決沒有正確解答的問題。

第二章｜總結

● 依從自己的熱情

若在牽涉到人生的抉擇中感到猶豫，就要先整理一下自己的思緒，檢視自己對什麼事物仍保有熱情。

● 誠懇地做出改變

當你吸收新的知識、資訊後，請誠心誠意地進行吸收，並且轉化為實際的行動。

● 要做正確的選擇

每天問自己「換成是我又該如何」，思考一下怎麼做才是正確的選擇，同時還要養成靠自己的判斷力找出答案的習慣。

第三章

積極尋求進步

- 以約束醞釀出創意
- 不跟他人比較
- 瞭解如何才能幸福
- 保持積極向前的態度

08

以約束醞釀出創意

我樂於接受約束。

I have willingly accepted constraints.

查爾斯・伊姆斯

Charles Eames，美國工業設計師、建築師、電影導演

「妥協」與「約束」的差別

找工作時，在聽到企業表明「這個工作必須遵守約束」時，也許不少人心中一定會想像：「這個職場環境很沒自由。工作大概只能按照固定的模式進行，在創意的需求度上也很低……」

不過，說出本節這句話的人，對「約束」可是表達出「樂於接受」的態度。而且原文中的「約束」（constraints）是使用複數形。換句話說，說這句話的人透露自己非常願意接受各種約束，強烈表達出可以將負面的環境因素轉換為有利於工作的正面能量。

說這句話的人名叫查爾斯・伊姆斯（Charles Eames），他是大大影響二十世紀所有工業設計的美國設計師，是個同時擁有建築家、導演等各種身分的才子。他廣為人知的作品就是兼具機能性和美感的「伊姆斯椅」，我想應該有很多讀者也是這種椅子的愛用者吧？

不瞞大家，我自己就是伊姆斯產品的粉絲，我很喜歡他們產品中的簡約、不帶任何累贅的設計風格，總是會散發出以不變應萬變的樸實魅力。在講究美感的同時，不只是將產品當成藝術品製作，而且廣泛的實用性也讓普羅大眾感到十分認同。我打從心底尊敬伊姆斯能如此貫徹自己的商業品牌，並持續製作大眾普遍都能接受的產品。

但是，當我知道「我樂於接受約束」這句話是由最需要創造性的設計師說出時，實在是嚇了一大跳。因為創造這個概念，最好能擁有純白如畫布的自由度和獨立性，並在像白紙一樣的思維中盡情揮灑創意。

不過，後來我還是由震驚轉為理解了，因為那句話還有一段「前文」，那就是：

「我從未被迫接受妥協……」

"I don't remember ever being forced to accept compromise, but..."

伊姆斯說自己雖然沒有被迫「妥協」，但是可以欣然接受「約束」。也就是說他明顯地區分出妥協和約束之間的定義。

列出自己「想做的事」、「在做的事」、「該做的事」

對於理當成為阻礙的條件，伊姆斯用這句話表明了他的態度。他不用負面的想法看待眼前的阻礙，不單純把阻礙視為「妥協」的對象。以正面的角度去思考，阻礙可以轉化為約束，不但是可以催生創造力的泉源，也是一種完成工作的指標。很明顯的，面對阻礙，伊姆斯是採取後者的立場。

雖然大家都說「在全白的畫布上創作，就可以自由自在地想畫什麼就畫什麼」，但在實際情況中，人類的創造力通常難以得到完全的發揮，反而是事先指定好表現主題、手法等等，有事先的約束才會變得比較容易創作。而伊姆斯身為一流的設計師，也已經對這個情形相當熟悉。

現在我們將伊姆斯說的那句話，用在我們選擇工作時的態度上吧。

亞馬遜網路書店的執行長——傑佛瑞．貝佐斯說過：「要依從自己的熱情，果斷地選擇真正想要走的道路。」以此分享他自己創業的心路歷程。貝佐斯先生在選擇工作時，將「熱情」作為自己的判斷標準。可是，對於一般的商務人士來說，只靠熱情來決定工作是很難辦到的事。還有，如果讓自己感受到熱情的選項是複數以上，也會因為不知道要決定哪個而猶豫不決。再說只靠熱情來決定未來的人生，基本上也是很魯莽的選擇方式。

所以這種情況時，可以靠「約束」來取得正面的看法，讓自己的眼界變開闊，當你有「想做的事」時，可以將「在做的事」和「該做的事」列出來詢問自己。換個方式講，這是以「熱情」從「自己的能力」、「世界上的需求」這兩種約束中進行挑選。這麼做可以透過約束選出有創造性的工作。

設定好正向的約束

前一陣子，在某個女性雜誌的訪談內容中，有一篇關於女性在工作上的煩惱諮詢。內容主要是女性在就職時，會比男性遇到更多障礙的抱怨。我認為男性也必須努力解決工作上的問題，而女性也要轉變面對阻礙和約束的態度，如此才容易找到解決的線索。

確實有人會用「玻璃天花板」形容升官時的瓶頸或私人生活中的矛盾，而女性也的確常常必須解決更多問題。但如果用正面的態度面對，就能找到發揮創造性的機會。這麼一來，我們在一直難以改變的社會裡就能積極向前，並得出良好的成果。美國雅虎的執行長梅麗莎・梅爾（Marissa Aun Mayert，二〇一七年六月離開雅虎）曾在商業雜誌上投書：「約束能讓課題浮現輪廓，讓焦點變得更明確。此外還要有跨越約束的努力，才能讓挑戰的精神和靈感誕生。」

梅爾小姐身為女性，在工作上也遇過各種約束，而她靠著正面的態度迎刃而解。我認為這個經驗也能用在經營公司上。

像我常常需要想出新奇的創意，常常會在辦公室中一邊坐著伊姆斯椅，一邊手拿咖啡和同事交流想法。例如公司往後的方向該如何，是否要為客戶提供必須的服務……等等。由於積極面對這些工作上的約束，而讓原本保留在腦裡的主意產生轉換的機會，此時討論也會變得更加深入。

在我產生靈感的過程中，伊姆斯的建言真的幫上不少忙。

不跟他人比較

窮人貧窮，不是因為他人富裕。

柴契爾夫人

Baroness Thatcher/Margaret Thatcher，前英國首相

09

Poor people are not poor because others are rich.

確實表達出信念的話

曾經有一位號稱「鐵娘子」的女性，在一九七九年到一九九〇年代期間成為左右英國政壇的國家領導者，此人就是通稱為柴契爾夫人（Baroness Thatcher）的瑪格麗特・柴契爾。她在十一年的時間內連任三屆英國首相職位，同時她也是在德蕾莎・梅伊（Theresa Mary May）女士成為英國首相前的第一位女性英國首相。

柴契爾夫人在就任首相前，英國正長期陷入經濟停滯的窘境，而這也就是世人所稱的「英國病」。由於英國的社會福利制度太好，造成許多人不想出門工作，因此讓社會長期處於高失業率與低成長狀態。為了打破這個窘境，柴契爾夫人揮起改革的大刀，一方面緊縮社會福利的實施門檻，一方面強化社會的競爭環境。

在當時國際情勢方面，英國和蘇聯正處於冷戰狀態。資本主義和共產主義的意識型態不但對立，柴契爾夫人身為英國在世界自由經濟體制上的領導者，更以打造能健全競爭的自由經濟體制為己任。本節所介紹的話語便是確切表達其信念的名言。自由競爭經濟比起「重新分配社會的貧富」，更著眼於「讓社會全體的財富擴大」。她想表達的是我們不能透過管理富人的財富來幫助他人改善經濟狀況，以達到社會財富的重新分配。

確實在這個財富有限以至於必須重新分配財富的世界上，只要有人有辦法獲利較多，相對地就會有其他人獲利較少。但如果改革的目標是「擴大社會整體的財富」，那麼就算鄰居很有錢，也不代表自己處於貧窮狀態。相反地，如果是自己很有錢，也不代表鄰居很窮。

柴契爾夫人說的那句話，還有下文：

「當有錢人失去財富時，在很多情況下窮人也會變得更窮。」

若要簡單說明柴契爾夫人的主張，那就是在自由經濟體制下，位於富裕圈的人們失去財富時，就表示有許多會讓整體經濟陷入低迷的因素存在。當社會處於這個現象中，窮人的所得也會跟著減少。

關於這個看法，也許早就有很多人發表過不同的意見。不過，我倒是覺得她的話還是很有說服力，因為我自己最近也遇到一件親身經歷過的事。

嫉妒事業有成的朋友

柴契爾夫人說的那句話讓我想起某件事。我有位在哈佛商學院認識的同窗好友，有一次他特地來到東京拜訪我。他是一名印度裔的美國人，而那次也是我們久別後的小聚會。

這位朋友跟我聊起他在幾年前訪日時曾跟我提過的電子商務，那天我們還一起聊到深夜。當時那位朋友看起來比以前更有自信，不但生意越做越大，也成了所謂的人生勝利組。他不但發了大財，而且還以個人投資家的身分投入了以數億日圓為單位的創業投資。在恭喜他事業有成後，隔天那位朋友就說要先離開日本了。因為他那次正在放長假，所以已經準備好前往夏威夷度假。

但在那之後，我心中有股感受讓我覺得很不痛快。因為我發現自己的內心其實深藏著不想誠懇說出恭喜的情感，而那就是所謂的「嫉妒」。當我看到朋友自信滿滿地說自己事業有成時，我心中感到非常嫉妒。

不停地聽到他吹噓自己的成功事蹟時，原本「好羨慕啊」的情緒漸漸變強，甚至強到開始在心中否定他「哼，他的生意不可能會一直好下去」。那時我心中還希望這位朋友最後會白忙一場、落得生意失敗的下場。

和他道別後，我開始厭惡起自己嫉妒的心理，因為這根本就代表我的氣度很狹小，所以我也不斷地責罵自己。

這個時候，我忽然想起柴契爾夫人說的那句話。如果朋友的事業出狀況並失去財富，這樣不代表我的財富會跟著增加，而他的失敗也不會讓我得到成功。要是我往後一直被這個醜陋的嫉妒情感牽著鼻子走，甚至還會讓朋友間的情誼惡化。

將同伴的成功轉為成長的原動力

美國Dropbox公司的共同創辦人——安德魯・休斯頓（Andrew W. Houston）強調優秀的同伴和環境能幫自己產生良性的刺激，而他把這樣的人際關係叫作「圈子」。而他確實也是因為透過和精英處在同一個圈子，讓良性的刺激幫自己獲得飛越般的原動力。

但也別忘了，光是進入有益的圈子是不夠的，要把處於當中的刺激化為能量才是最重要的。當你看到同伴成功時，所產生的「嫉妒」情感，還要將其轉化為「自己也要好好努力」的正面想法。說到這裡，我想很多人都會覺得這種觀念根本就是老生常談吧？

在和那位朋友相處時，我就已經掉入「嫉妒」的泥淖中。現在想起來，當初我也是在表面上做個樣子恭喜他而已，其實我真該找機會向他道歉。

或許你會覺得將團隊中同伴的成功，當成自己成長的原動力是一種「知易行難」的行動。不過，柴契爾夫人說的那段話，可以成為幫自己實行這種觀念的催化劑。他人得到財富，不表示自己無法跟著得到財富。與其眼紅同伴的活躍，倒不如試著效法同伴的成功，進而讓自己也獲得好的成果。

現在我們把這個情況置換到日常生活吧。看看公司裡，多少會有同事一心只想出人頭地。不管是公司內還是公司外，和我們同行的人中也會有人只想積極拚業績。要是我們對這種人的成功產生「嫉妒」感，我們就很容易掉進損人不利己的心理陷阱中。此時，請你趕快回憶一下柴契爾夫人所說的那句話，你就能消除比較心理。在你必須將心思集中在工作上時，這句話會產生出很大的助力。

瞭解如何才能幸福

工作獲得的酬勞就是工作。

10

井深大

索尼公司共同創辦人

商界領導者們共有的信條

在寫這本書時，我同時也接了另外幾份工作，因此所有的工作進度如預期般地讓我忙得不可開交。我看著緊縮的行程表時，也忍不住開始抱怨「這簡直要累死我」，然後也因為焦躁的情緒而對家人發脾氣。

有很多工作可以做，本來是應該感恩的事。但是這個環境，卻讓我不經意地開始抱怨起來。現在回憶當時發怒的自己，都會感到不好意思，真想在家人面前下跪道歉。

但是，「感恩繁忙的環境」對我們來說簡直是知易行難。我當時焦躁的樣子不但離自己理想中的形象很遠，而且也沒辦法打從心底感謝忙碌的每一天。而本節介紹的這句話讓我想起自己工作的初衷。

說這句話的人是索尼公司的共同創辦人井深大。二戰結束後，他和盛田昭夫一起成立東京通信工業公司（現在的索尼），不但讓各種熱門產品賣到市面，而且將小公司培育成世界級企業的事蹟也是很有名的故事。另外，這句話亦引言自前索尼首席董事——天外伺朗在《文藝春秋》（二〇一〇年三月號）中所刊載的訪談內容。

其實這句「工作獲得的酬勞就是工作」相同意思的發言，除了井深大之外，其他企業經營者也常常會說出。這對許多商界領導者來說，也許是共有的信條之一。

不過，從員工的立場來看，這句話或許會讓員工感到心情很複雜。好不容易結束一個工作後，馬上又有下個工作指派下來。而且還不能將這個情況視為義務，而是當成「報酬」。如果有員工會討厭這種只利於經營者的發言也不奇怪。

如果經營者說這句話只是想「好好使喚員工去工作」的話，那我們絕對不會認同這句話，倒不如說這句話反而會引起多數人的反抗意識，甚至會讓大家直接做出反彈的動作。

努力工作的渴望

能讓人聽到「工作獲得的酬勞就是工作」後還能因此感到共鳴，取決於發言者對於「工作的認真態度」。若是發言者對工作全力以赴，遇到危機時會身先士卒，樂於將工作成果回饋社會，這句話就會被注入靈魂，產生真正的意義。因為這樣的人在心底、身體內已經知道「感恩自己有工作能做」的道理。

井深大先生也是這種值得尊敬的商務人士，由他為這句話灌注靈魂可說是不容懷疑的。

井深先生打從骨子裡是個技術人士，他從少年時期就喜歡研究機械，學生時期比起學業更埋首於無線電社團的活動，甚至在大學畢業後也積極尋找需要技術的工作。

在太平洋戰爭爆發後，他承包了軍方委託的工作，並且藉此磨練自己的技術。另一方面，卻也因為戰時難以調到試作樣品的材料，而陷入產品開發計畫可能隨時中止的難關。在前線戰況陷入膠著時，他位於長野縣的工廠也開始經營困難，甚至還讓他的工作跟著沒有了。因此，他湧出一股「想好好工作」的渴望，所以在一九四六年戰爭結束後，井深大等其他技術員出身的同伴們正式展開以東京通信工業為名的事業。

大家都知道，東京通信工業的「設立宗旨書」是由井深大先生所撰寫，而在宗旨書開頭中有以下這段話：

「技術者（中略）獲得可以好好工作的安定職場才是首要目的。」

剛創業的東京通信工業由於沒有充足資金，所以很難找到能夠作為工廠和辦公室之用的地點。就算好不容易找到新工廠，也會馬上面臨必須捲鋪蓋走人的結局。井深先生回想當年和盛田先生在東京都杉並區找適合的物件時，沒有退路的他還一邊說：

「要是能有讓大家一起工作的地方，我們不曉得會有多快樂啊？」

有工作就該珍惜

前文說的「設立宗旨書」的內容，主要是列舉八項創辦公司的目的。值得注意的就是第一項的內容為「最大程度地讓有上進心的技術員發揮技能」，以及「建設自由闊達、愉快的理想工廠」。

這個部分即使是現在，也常常能看到很多企業會提及類似的觀念，尤其是「建設自由闊達、愉快」引人注目。但是，從井深和盛田在杉並區找物件時說的話中，我並不覺得後半文的「建設理想工廠」是他們的重點。對他們來說，擁有自由闊達和愉快的工廠環境，也許指的就是可以讓工程師順利工作的地方。

我想，「希望能有個不被戰爭影響的理想環境，讓人可以用心工作」，才是井深最真誠的想法。完成一份工作後獲得好評，接著再接下其他工作。眼前等著他的就是讓自己埋首工作的桌子、椅子，以及有能力獲得研發用的材料。這種環境對他來說，已經比任何事物還要更讓人感恩、是更棒的報酬……。井深大先生就像是跨越時空這麼告訴大家。

因為時間的壓力而讓我忘記眼前得來不易的工作機會，井深大的那句話讓我們想起初衷，所以我要再一次感謝他。

保持積極向前的態度

回饋循環非常重要，因為它會使你持續思考做過的事。

11

It's very important to have a feedback loop.

伊隆．馬斯克

Elon Musk，特斯拉汽車執行長

走進正向思考的循環

這是特斯拉汽車的執行長伊隆．馬斯克（Elon Musk）說過的話，探討這句話的含意後，我們能發現到如何幫助自己保持正面思考。

那麼，大家對於伊隆．馬斯克又有什麼印象呢？他在進入史丹佛大學研究所就讀時，馬上就在兩天後辦理休學，自行創立的電腦軟體公司也在三年後賣給康柏電腦。後來，馬斯克在創立PayPal公司的前身企業後又過了幾年，他將這個企業賣給eBay。後來，他基於「讓人類移民至火星」的想法，又創立了SpaceX公司，並以執行長的身分一邊致力於太空開發，一邊兼任電動車公司特斯拉汽車的執行長。此時，他還同時經營太陽城太陽能發電公司。

他揭開了凡人看不到的願景，不但調度了讓大家不敢相信的鉅額資金，而且還一直往不可能的領域邁進，所以也有不少人稱他為「史上最厲害的創業家」。

我認為不怕失敗，勇於面對難題的馬斯克，就是一個擁有正向思考的人。

我在想像他揭開自己的龐大願景時，腦中浮現出一位大聲說話，而且充滿熱情活力的經營者。不過，實際聽到馬斯克說話時，反而跟我的想像完全相反，因為他顯得既斯文又冷靜。也許是因為他本來是南非長大，曾前往加拿大就讀大學，直到二十歲後才移居美國的經歷，所以他說話的口調和擅長作簡報的典型矽谷創業者不同。

尤其本節所要介紹的那句話，任誰都會覺得馬斯克不是一個擁有強烈正向思考的人物。但即使如此，我還是認為他會積極讓自己走進正向思考的循環中。

從失敗中找出成功的出路

在那句話之後，還有一段下文：

「持續回顧過往，除了能看見已經完成的項目之外，最重要的就是確認今後必須改善的項目。」

馬斯克認為我們應該定期以回饋機制來檢討自己的日常活動，除了能確認已完成的工作任務之外，最重要的就是能理解自己尚待改進之處。原文中的feedback不是被動地聽取他人的回饋，而是自發性地進行回顧。

馬斯克於二〇〇二年創辦的SpaceX公司在不到六年的時間內，將自行研發出的火箭發射至外太空。但在這六年間，SpaceX的營運並不是處於一帆風順的狀態。

因為火箭升空的日期其實經過好幾次的延宕，所以馬斯克一直無法順利實現計畫。等到好不容易可以實施計畫時，第一次的火箭升空卻是以失敗告終。還有，後續的火箭升空也是不斷失敗。外界也有很多人開始認為區區一個民間企業想實行太空開發計畫，果然只是癡人說夢罷了。然而馬斯克面對接踵而來的失敗，還是持續對外發出正面的回應。

此外，特斯拉汽車首次開發的電動車雖然有大量預購訂單，但其實無法在發售日如期交貨。上市日期因此延至一年後，最後他們只有出貨二十輛電動車。由於馬斯克曾保證將會按照預約人數的相應金額製造電動車，會讓每位預購者都能確實買到一輛電動車，結果無法信守承諾的他卻因此陷入了難關。不過這個時候，馬斯克照樣發出內容頗為正面的回應。

以馬斯克這時的處境來說，如果有人會揶揄他在吹牛也不意外，畢竟當時各大媒體常常在報導SpaceX公司和特斯拉汽車的失敗。

即使是會讓人陷入負面思考的情況，馬斯克依然持續對周遭發出正面的訊息，而能夠這麼做或許就是因為他擁有主動回顧過往的習慣，才能從許多失敗中發現微小的成功契機，再以此勉勵自己奮發向上，幫助自己產生改善的動力。

馬斯克的正面思考並不是因為太遲鈍以至於太過樂觀，而是基於回顧經驗再綿密分析，所以才值得信賴。持續赤字的特斯拉汽車也因此獲得投資者的信任成為上市公司，同時順利調度到維持經營的資金。

打造「樂觀的自己」

我每天都會將筆記本帶在身上，每個星期一定都預留時間，翻開筆記本回顧這個星期的活動。不管是多麼微小的順利行程，或是一整個星期都失敗連連，只要我看到筆記本中的紀錄，就會覺得自己確實地向前邁出了一大步。這個動作會幫你產生出微小的自信，而且也會逐漸成為改進自己的能量。

另外，當你寫上必須改進的地方後，就能在腦中整理出該做好的事情。在必須完成的課題中，你也能因此明確看出需要實行的過程。只用一本筆記本和一枝筆，就可以幫你整理思緒，並解決應完成的課題。

我認為，正面思考並非與生俱來，也不是由運氣或環境因素所決定。樂觀的態度，是可以由自己營造自己開拓的。我對伊隆．馬斯克的想法有很強烈的共感。我認為大家也應該效法伊隆．馬斯克，積極養成回顧過往經歷的習慣，每天實踐能幫助我們進入正面思考的循環。

第三章｜總結

● 以約束醞釀出創意

讓約束成為好想法的提示，跨越約束的努力也會因此成為好創意的泉源。

● 不跟他人比較

不要嫉妒他人，因為樂見於他人的失敗不會造就自己的成功。要以他人的成功刺激自己的向上心，讓自己更專注於自己能做好的工作。

● 瞭解如何才能幸福

面對眼前滿滿的工作時，要理解成工作實力受到大家的好評，並且每天感謝自己有保持忙碌的機會。

● 保持積極向前的態度

定期回顧「自己能做到的事」，可以讓自己產生自信。而這麼做也會讓你產生向前邁進的動力。

第四章

再接再厲，永不放棄

從失敗中學習教訓

不要裹足不前

大方接受自己的失敗

從失敗中學習教訓

在人生的某個時刻，你一定會遇到阻礙。

歐普拉．溫芙蕾

Oprah Winfrey，美國電視節目主持人、製作人

12

At some point, you are bound to stumble.

遇到挫折時更要在失敗中成長

看到本節要介紹的這句話後，你現在又有什麼感想呢？這難道是上司對部下的忠告，還是對人生中的宿敵下詛咒？又或是希望對手遭遇失敗的嫉妒心在作祟……？

其實說出這句話的場合和這些聯想完全不同。此話是出自二〇一三年哈佛大學畢業典禮演講的內容。換句話說，這其實是用來勉勵對未來充滿希望和夢想的畢業生。

但是，怎麼會對即將出社會的年輕人說「你們以後一定會失敗」呢？要是有學生家長聽到難保不會大發雷霆。事實上，這句話很多人都樂於接受。因為說出這句話的人以自己的經驗為例，這個教誨也讓人感到既嚴格又溫柔。

那個人就是美國當紅電視節目主持人——歐普拉．溫芙蕾（Oprah Winfrey）女士。《時代雜誌》曾經推舉她為「世界最具影響力的人物」之一，當中的評價為「在她表明二〇〇八年美國總統大選支持歐巴馬時，歐巴馬隨後便成為了總統」。身為《富比士》統計的富豪榜常客之一，歐普拉女士將自己累計數百億日圓的財產捐出，幫助部分非洲國家創辦學校。

歐普拉女士連續主持二十五年《歐普拉脫口秀》，所以擁有穩固的高人氣。在主持風格上，她不但勇於說出自己痛苦的過往，也樂於傾聽觀眾的煩惱，因此獲得全美觀眾的共鳴。

她沒有一帆風順的人生，由於小時候曾被親戚性侵等困苦的過往，讓她累積了不少人生經驗。歐普拉在獲得獎學金後，前往州立大學就讀，十九歲於當地電視台被選為播報員，後來她以此為起點，一步步地站上媒體世界的頂端。

而這位歐普拉女士在哈佛大學的畢業典禮講台上，先是說了開頭的那句話，然後又接著說：

「遭到挫折後，最關鍵的就是在失敗中學習。」

災難總有過去的一天

其實，她說「最關鍵的就是在失敗中學習」這句話不是第一次。五年前的二〇〇八年，歐普拉女士在史丹佛大學的畢業典禮演講上，也用相同的話勉勵畢業生。

雖然都是同樣的話，但在哈佛大學的我聽了卻有很深的感觸。因為在兩次演講之間，她又經過了一次蛻變。

在史丹佛大學的演講大約一年後，二〇〇九年秋天，歐普拉宣告「將在二〇一一年五月結束《歐普拉脫口秀》」。她的理由是想在連續主持這個節目二十五年後，再次進行新的挑戰。儘管當時她的節目已經享有全國性的超高人氣。

二〇一一年時，歐普拉成立新的有線電視公司，然而卻經營不善。該電視公司超過一年維持低迷的態勢，最後以失敗告終。

接著在二〇一二年過了一半時，她接到一通電話。打電話給她的人是哈佛大學的德魯·吉爾平·福斯特（Drew Gilpin Faust）校長。校長將一件讓歐普拉訝異的委託告訴了她。

「明年的哈佛畢業典禮希望你能夠前來演講。」

當時在工作上遭到挫敗的歐普拉，對於自己是否有資格站在哈佛大學畢業生面前演講，感到很苦惱。因為身為失敗者的自己，實在沒有自信勉勵充滿夢想和希望的年輕人。

在她陷入迷惘而去淋浴轉換心情時，忽然想起了讚美歌的一節。「災難不會一直持續，總有一天一定會過去。」這個瞬間，她的腦中產生出「一年之內重新將電視公司經營起來」的強烈想法。同時她也很乾脆地決定「那我就接下哈佛大學畢業典禮的演講邀約吧」。

持續正面挑戰「挫折」的困難

雖然她自知有被嘲笑：「區區一個失敗者，有什麼資格勉勵學生」的風險，但她還是鼓起決定接受演講邀請的勇氣。在演講上，她還接著說了一句話：

「你雖然命中注定遭到阻礙，但那其實是為了讓自己不斷地定下更高遠的目標。」

從這裡開始，我才知道歐普拉女士肯定「阻礙」（失敗）就是「讓自己持續正面挑戰的困難」。她的內心中將「可以產生的失敗」和「不能產生的失敗」做出區別。在持續挑戰中所產生的失敗可以讓人學習經驗，但是因為怠慢而產生的失敗無法讓人累積經驗。而歐普拉女士只認同前者所帶來的良性過程。

當她宣告自己卸下節目主持人的職位時，許多人都產生了「明明她現在過得一帆風順，為何要放棄這個工作呢」的想法。但是，她本人就是想藉由犧牲自己的事業頂點，進而讓自己跨向更高的目標。結果，她花了一年又好幾個月的時間，雖然歷經了許多艱辛和失敗，但卻也獲得寶貴的經驗。

歐普拉女士雖然在轉換跑道時跌了一跤，但她還是決定重新振作。接下哈佛大學校長的電話後又過了一年，在哈佛大學畢業典禮演講的同時，也跟大家分享自己正讓電視公司的經營重新步入正軌。

二〇一三年站在哈佛大學講台上的歐普拉，和二〇〇八年的她就像是不同人。二〇〇八年時，她用事業有成的姿態，告訴大家在失敗中學習經驗的重要性，然而這個模樣反而無法讓聽眾感受到說服力。但是五年後她再次站上講台時，卻反過來用謙虛的語氣跟大家說話，並且解釋失敗所能代表的意義。在演講中，歐普拉女士的語氣充滿熱誠，這也讓她的論述增添了更多說服力。

正如歐普拉女士所說，挑戰高難度的目標時，難免會遭遇失敗。但比起自怨自艾，更該注意的就是反思自己的錯誤，還有稍微花一點時間學會面對失敗。這麼做的意義就是要讓自己勇於踏上全新的挑戰。

因為阻礙而被絆倒時，就要爬起來，再次被絆倒時，還是要再次爬起來。與此同時，也要好好反省會被絆倒的理由。如此反覆嘗試，就能引導我們走向更高遠的目標。

不要裹足不前

13 你沒通過試鏡？那就快參加下一個試鏡吧！

You didn't get that part? Next!

勞勃・狄尼洛

Robert De Niro，美國演員

不要在乎拒絕過你的人

我有一位在大學認識的朋友，最近他找我聊關於工作上的煩惱，因為當時正在找工作的他已經收到兩間公司不予錄取的通知。

那位朋友在專業領域上有很豐富的經驗，有充分的實力可以執行工作，但他畢竟已經四十幾歲，想換工作還是一件很不容易的事。雖然我鼓勵他：「不要放棄機會，再去下間公司面試吧。」但這句忠告由我來說其實沒什麼說服力。坦白說，我從來沒有跟企業面對面進行面試的經驗，所以對這位朋友來說，我的這句忠告在經驗上難以讓他參考。

後來仔細想想，若我跟那位朋友說說本節要介紹的話，有可能會成為他很大的鼓勵吧？其實這句話也不一定只能用在找工作時，像業務員、製作人、產品研發員、賣場經理等等，要是提案或企劃遭到「拒絕」時，這句話就能成為我們的動力，使我們不在意那一時的失敗。

說這句話的人是得過一次奧斯卡最佳男主角和一次最佳男配角的知名演員——勞勃．狄尼洛（Robert De Niro）。二〇一五年五月時，他應邀前往紐約大學，為該校的藝術學院畢業典禮進行演講，而這句話就是他當時對大家說的話。紐約大學藝術學院人才輩出，包括勞勃．狄尼洛的朋友馬丁．史柯西斯導演，也是從這間學院畢業的。

勞勃・狄尼洛在用那句話勉勵畢業生後，接著又說了一些讓人印象深刻的話，那些話主要的重點就是「歡迎來到被人拒絕的世界」。即使你是知名學府畢業，找工作時也不一定能擠進演藝圈和藝術界的窄門。勞勃・狄尼洛以自己的經驗單刀直入地告訴畢業生：「他們將面對嚴苛的世界」。

沒盡全力做到滿分，願望就無法實現

勞勃・狄尼洛年輕時為了獲得演出的機會，曾參加了許多試鏡，而且他也是經常收到不予錄取的通知。也就是說，即使是現在享有盛名的他，以前找工作時也是常常被人拒絕。即使如此，他還是不斷地參加下一個試鏡。在演講上，他先是對畢業生說：

「就算被拒絕，也不代表問題一定是出在自己身上。」

因為演員在參加電影試鏡時，導演對角色印象占了很大的決定因素，即使你很有實力，只要和角色形象不相配，就很容易被刷下來。演講上，勞勃・狄尼洛以自己為例，雖然他自知自己是義大利裔移民，也不可能接到想要獲得的非裔美國人角色，但對此他還是對畢業生們強調：「這次被拒絕了，那就換下一個（next）！」

其實勞勃・狄尼洛曾經也爭取不到《教父》（*The Godfather*）的演出機會，但兩年後的《教父第二集》中，他不只演出年輕時的柯里昂，更在奧斯卡頒獎典禮上獲得最佳男主角獎，而這也歸功於他將「換下一個！」作為自己的座右銘。

除了「就算被拒絕，也不要認為是自己有問題，趕快換下一個就對了」之外，他的演講還有另一個重點。那就是在不斷挑戰並爭取目標時，也要「每次盡全力做到滿分」。

雖然很多情況下即使做到最完美也會遭到拒絕，但要是你沒有竭盡全力，就不可能讓願望實現。也因此，勞勃・狄尼洛才要把這個嚴格律己的道理告訴給年輕人聽。

那麼，勞勃・狄尼洛所說的「盡全力」又要付出多大的努力呢？

勞勃・狄尼洛是出了名的完美主義者，在飾演拳擊手的《蠻牛》（*Raging Bull*）中，他先是在健身房拚命鍛鍊自己的肌肉，但拍到故事的後半段時，為了演出退休拳擊手的模樣，又在短時間內增胖二十公斤。還有在《鐵面無私》（*The Untouchables*）裡，為了讓自己更像真實存在的黑幫老大（艾爾・卡彭），勞勃・狄尼洛甚至故意拔掉自己的頭髮。

光是去想像這些事蹟，我都能感受到他平時會用懾人的魄力拍戲。不過這對一名演員來說，不過是在工作中盡力「展現出自己的實力」罷了。從這些故事看來，就不難想像年輕時的勞勃．狄尼洛會在試鏡上如何地「使盡全力」了。

成功的祕訣在於直到成功前都要堅持下去

我聽了勞勃．狄尼洛的演講後，不禁反省起自己：「我面對挑戰時，是否總是能拚盡全力呢？」例如，是不是能用拔自己頭髮、增胖二十公斤的覺悟拚業績呢……？

此外，說到勞勃．狄尼洛，常常會讓日本人想起松久信幸先生，因為他不但是世界知名的日本廚師之一，而且也是勞勃．狄尼洛的「NOBU」餐廳合夥人。在二〇一六年末時，NOBU餐廳已經在全世界展店三十多間。我記得我在美國留學時，為了前往位於紐約翠貝卡的NOBU分店用餐，曾不斷打電話預約他們的席位。

松久先生是讓日本享有「cool Japan」盛名的貢獻者之一，說他是在國際上最活躍的日本人也不為過。雖說如此，NOBU餐廳在開業初期也是歷經許多波折。在松久先生的自傳中，也自曝以前因為阿拉斯加分店慘遭祝融，忍不住興起想要自殺的念頭。但就算如此，松久先生也是保持著「既然失敗了，那就再來一遍吧！」的信念。

當然，身為勞勃・狄尼洛的餐廳合夥人，松久先生在廚藝方面也是一等一的高手。但在遭遇到無數阻礙時，松久先生總是能喊著「再來一遍！」，這樣的骨氣，或許也是因為認識勞勃・狄尼洛後，逐漸被影響人生觀的關係吧？

勞勃・狄尼洛和松久先生可說是體現「成功的祕訣在於直到成功前都要堅持下去」這句話的存在。即使工作不順遂，也沒有必要否定自己。勞勃・狄尼洛演講時，一邊開著玩笑，一邊輕鬆地不斷呼籲大家遇到失敗時就要挑戰「Next!」。所以我們不如也帥氣地用這種節奏，效法勞勃・狄尼洛不斷挑戰新的工作機會吧。

大方接受自己的失敗

我的人生中有成功也有挫折，
甚至也伴隨著痛苦。
各位也一樣，
也會在人生中
體會到成功與挫折的滋味。

希拉蕊．柯林頓
Hillary Clinton，前美國國務卿

14

I've had successes and setbacks and sometimes painful ones. You will have successes and setbacks too.

互相對比的兩場演講

希拉蕊・柯林頓（Hillary Clinton）女士身為二〇一六年的美國總統候選人，不是第一次挑戰美國總統大選。二〇〇八年時，她獲得民主黨提名進行黨內初選，但最後是由以非裔美國人身分角逐總統之位的歐巴馬議員通過初選。過了八年後，希拉蕊女士又二度角逐總統大選，而且這次是要和唐納・川普互相爭取總統大位。

而本節所要介紹的話，是希拉蕊女士二度成為總統大選落選者時的敗選感言。同樣是敗選感言，我認為第二次的演講比第一次還要值得關注，因為其中的變化實在令人玩味。

二〇〇八年的初夏，希拉蕊女士雖然獲得黨內初選的提名，但結果只能放棄出馬角逐總統大位。作為實質上的敗選宣言，她除了在支持者面前祝福歐巴馬勝選，也宣告未來將會幫歐巴馬助選。

看起來心有不甘的希拉蕊女士，最後還是堅強地發表自己的敗選感言，也許她在那時早就轉換好心情了吧？若要形容她平時演講時的特徵，那就是常有鞭辟入裡的言論，而且言行中還充滿了自信。

由於希拉蕊有時會在說話時瞇眼睛，這個「居高臨下」般的特徵也被人們所詬病。後來在二〇一六年的選舉時，這個特徵也被部分評論家認為是她競選時的弱點。

在演講的最後，黨內大會準備步入尾聲，歐巴馬陣營的人馬開始喊出"YES WE CAN"的口號。希拉蕊不但表態將會幫擁有高人氣的歐巴馬助選，她的其他表現或許早已開始為八年後的總統大選鋪路了。

而在二〇一六年敗選時的演講時，她的口氣變得比前一次還要和緩。希拉蕊述說著自己的信念，她說自己是以六十九歲的年齡出來競選，這個年紀想要成為總統已經是最後的機會，而她用毅然的態度說出自己的覺悟。

至於勝選的唐納・川普，是以七十歲的年紀成為美國史上最高齡的總統。所以從年齡上來判斷，希拉蕊要在四年後三度挑戰總統大位，可說是不太可能發生的事。

在二〇一六年的演講中，最讓我感興趣的就是前述所介紹的話。相對於「successes」（成功）的表現，希拉蕊用的不是「failure」（失敗），而是「setback」（挫折）。Setback這個字的意思有阻礙、退步、挫折、失敗的意思，不過在希拉蕊的演講上，將其理解為挫折可能是較為正確的解釋。

在失敗後不將其定義為「失敗」

雖然我們常看到許多名人認為從失敗中學習成長非常重要，但我們又要在什麼時機正視自己的失敗呢？

對於無法如願以償的希拉蕊本人來說，承認自己正遭遇失敗的狀況是很難做到的表現。因為她不太可能會用輕鬆的態度說：「咱們就從失敗中學習成長吧！」而是會拚命壓抑難過的情緒，努力走出陰影才對。我想或許只有已經能接受成敗結果的人，才有一定程度的特權能將失敗的狀況正式定義為失敗。然而陷入這個陰影的希拉蕊，卻不稱之為失敗，而是用更洽當的詞——挫折加以定義。

希拉蕊雖然以成為史上第一位美國女性總統為目標，但結果無法如願。對女性來說，她始終無法打破職場上的「玻璃天花板」。希拉蕊的這個敗選感言中，明顯透露出不甘心的想法。然後，她又說了一段感言：

「但總有一天，一定會有人可以突破這個玻璃天花板。而且我也希望這個願望能越早成真越好。」

希拉蕊不只說出了她在想要就任成為美國總統的挫折，也說出世上所有女性一直無法打破「玻璃天花板」的挫折。而且這場演講也勉勵所有年輕女性，要她們「不要放棄自己的目標」。

兩次的「挫折」不是「失敗」

在希拉蕊演講時，攝影機不時將鏡頭轉到她的丈夫比爾．柯林頓和女兒雀爾喜身上。當時雀爾喜的年紀是三十六歲。想必希拉蕊當時勉勵的年輕女性中，也包含了自己的女兒吧？或許她希望成為第一位美國女性總統的夢想，能交付給女兒實現吧？

演講中所說的「挫折」，若真的只是希拉蕊個人在工作上的挫折，也許也代表著未來她仍有機會獲得第三次黨內的提名。

二〇一六年的那次演講上，希拉蕊的表情在和緩中流露出堅毅的態度，你完全看不出她的表情有「居高臨下」的感覺。她那時的表情反而讓她散發出領導者該有的魅力。也許因為希拉蕊對於失敗的定義，而讓我們開始期盼「打破玻璃天花板」的那一天到來。

我們不妨也試著思考從日常生活發現這種感受。當你無法獲得自己想要的結果時，除了會馬上發現這是失敗之外，也會發現這是讓你情緒難以平復的現實。此時，你可以用更輕鬆的心情將其看作「一個挫折」，也許你的心中也會因此湧出迎接新挑戰的能量。

● 從失敗中學習教訓

所有的成功人士都會跟失敗為伍，所以要盡快從自己的失敗中學習教訓。

● 不要裹足不前

即使結果不如預期，也不要將原因全都歸咎在自己身上。不要因此陷入低潮，而是要趕快爭取下一次的機會。

● 大方接受自己的失敗

將失敗視為一種挫折，要用輕鬆的心情面對，切勿過度悲觀。等到心情變得較為平復後，再將挫折定義為失敗也不遲。

第五章

有效率地活用時間

將注意力集中在一點

仔細安排時間的運用

不要三分鐘熱度

在每個瞬間集中自己的注意力

將注意力集中在一點

讓你的心思聚焦，使其像鐳射光般犀利。

15

提姆．庫克

Tim Cook，蘋果電腦執行長

Stay true to focus ——laser focus.

讓蘋果電腦的股價成倍上漲

在這邊，我要介紹「laser focus」這個對我們頗有啟發性的英語表現。若要直譯的話，那句話的意思為「鐳射光式的聚焦」。若要轉換其中意義的話，就是「將所有能量集中在優先順序較高的事務上」。

其實，喜歡說這句話的人平時都在為我們提供生活中不可或缺的產品、電子服務，而他同時也是世界級企業的領導人。這個人就是蘋果電腦執行長提姆・庫克（Tim Cook / Timothy Ponald Cook）。

庫克和前任執行長史帝夫・賈伯斯相比，常常被歸類為「普通人」，不過我對於如此膚淺的標籤感到十分懷疑。

庫克工作經歷其實很豐富，他曾擔任過Intelligent Electronics公司的COO（營運長）、IBM裡的PC部門的北美負責人、康柏電腦的副董事。到了一九九八年時，他選擇進入蘋果電腦工作。他捨棄席捲全世界PC市場的康柏電腦，跳槽到在當時即將面臨倒閉的蘋果電腦。這種像是押錯寶的選擇，實在不能將庫克歸類為「普通人」。

我想當時庫克身邊的人都在力勸他不要跳槽到蘋果電腦吧？畢竟那時選擇蘋果電腦「是個很

不明智的選擇」。不過，庫克後來還是決定到賈伯斯身邊工作，成為扶植蘋果公司的一員大將。

在庫克就任蘋果電腦執行長的一年後，從二〇一二年夏天開始算起的九個月間，蘋果電腦的股價下跌了四十％。因此跟前任執行長相比，許多人對庫克的經營手腕感到悲觀。不過在這之後，庫克開始對唱衰他的言論進行反撲，因為蘋果電腦的股價開始漲回原來的標準。在我寫這本書的原稿時，也就是二〇一六年末時，蘋果電腦的股價已經超過他就任執行長時的兩倍。所以現在的庫克就擔任執行長的實績上，已經獲得許多人高度的認可。

因為都是好點子，所以才要全部拒絕

接著要介紹一下兩個庫克使用「laser focus」的例子。第一個是有人問庫克：「你在賈伯斯身邊學到了什麼。」庫克回答：「賈伯斯比任何人都能做到laser focus。」庫克認為自己從賈伯斯學到了「laser focus」。換句話說，「像鐳射光聚焦一樣，讓自己心思的所有能量集中於一點」就是他認為最重要的觀念。

第二個就是某位美國電視台主播曾對他提出耐人尋味的問題。「看看現在黯淡無光的索尼公司，我想請問蘋果電腦如何才能避免重蹈他們的覆轍。」（國外其實很常將索尼公司視為負面教材，這一點對我們日本人來說其實還挺不是滋味的。）庫克聽了馬上就做出精簡的回答：「laser focus」。他的意思就是如果蘋果電腦若不能將能量聚焦在一點上，就無法達成「創造世界第一品牌」的目標。這算是特別能窺見庫克十分重視「laser focus」這個詞的例子。

其實，當我們將能量或資源投入單一領域時，反而會有更多障礙阻礙我們達成的目標。因為要是投入的領域越小，失敗時的風險也就會越大。例如大學聯考和找工作，很多人都會避免將全部的資源全押在第一志願上，通常還會準備第三志願、第四志願作為緩衝失敗的備胎。

在日常生活上，想要控制好活動範圍也很不容易。因為只要出於好奇心、興趣、朋友約你出門玩、來自同事無法推掉的工作等各種誘惑，都會模糊掉我們「集中能量在一個焦點上」的想法。所以說「laser focus」其中的意義，也是知易行難的觀念。

那麼，我們又該如何順利實踐這個觀念呢？庫克說自己有一個很簡單的祕訣。那就是「對目標以外的對象說不」。

在蘋果公司裡，每天都會有很多員工發表好點子，但身為領導人的庫克卻說自己平時都會對著那些很棒的點子說「不」。他不會認為「因為每個都是好點子，所以每個都該試試看」，而是覺得「因為每個都是好點子，所以都要拒絕」。

一旦實踐這個法則，就能把蘋果公司珍貴的資源投入最小的領域中。而這個訣竅讓蘋果公司能製造出同時擁有最棒功能與最棒設計的優秀產品，進而讓全世界用戶對他們的產品愛不釋手。

常對工作說「不」

第一次聽到「laser focus」這個詞彙時，讓我想起以前在投資銀行上班時，曾為某位世界級經營者的收購計畫擔任顧問的工作經驗。那時需要長期進行的企業收購已漸入佳境，那位經營者開始每天親自到會議室和所有團隊成員開檢討會議。當時我注意到這位經營者展現出過人的集中力，因為他身邊明明還有很多待處理的工作。所以我很好奇他為何有辦法做到這個地步。

結果他說，為了不浪費時間，他是以「分鐘」為單位在安排行程。他寧可對其他不重要的工作說「不」，然後把全部的心思放在優先順位最高的工作上，也就是收購企業，就這樣持續好幾個月。我這才瞭解優秀的經營者為了讓頭腦運轉發揮最大效率，不會同時做多項重要的經營判斷。他們就跟我們「普通人」一樣，也會把最重要的判斷力集中在一點。因此才會明確找出工作的優先順序，並將能量聚焦在需要優先執行的工作上。

現在請反省一下自己，想想自己是否也能將資源全集中在一個焦點上，不犯下將精力分散的錯誤。請養成每天為工作建立優先順序的習慣，並隨時提醒自己集中思緒。

仔細安排時間的運用

若要獲得成果，就要把可以自由使用的時間充分彙整好。

彼得・杜拉克

Peter Drucker，美國管理學家

16

To be effective, every executive needs to be able to dispose of time in fairly large chunks.

時間管理術不需要小技巧

就「時間管理」而言，本節所介紹的名言能為我們帶來很大的啟發。有一位經濟學家被世人尊稱為「管理學之父」，而此人正是彼得．杜拉克（Peter Drucker）。

說到杜拉克這個人，或許大家很難將他跟大企業經營者聯想在一起。不過，他留下許多幫助商務人士控管工作的建議。而且在杜拉克的經歷中，也帶有一股「無法管理自己的人，就無法管理部下和同事」的強烈信念。

首先，這裡要先問一個問題。當聽到時間管理術這個字眼時，你對這門技術又有多少瞭解呢？會不會覺得這是方便訂定計畫、管理行程的祕訣？還是能有效活用空檔時間的方法？又或者是能同時處理複數任務的獨家祕技？

其實，杜拉克的建議和這些無關。若要比喻的話，方便訂定計畫和管理行程的祕訣，以及同時處理複數任務的技術，就像棒球投手在投變化球一樣。但是杜拉克的建議並不是這類偷吃步的技巧，而是像瞄準好球帶正中央的快速球，會對準問題的核心直取要害。而這就是本節名言「若要獲得成果，就要把可以自由使用的時間充分彙整好」所要表達出的觀念（《新譯　經營者的條件》上田惇生譯）。

若是直譯原文，就是要把時間的運用「整合為一」（In fairly large chunks）。我想在現代人的生活裡，那種能把時間運用彙整起來的狀態，就是「不去管電話和手機的干擾，能將心思全集中在處理事情上的時候」。

千萬別「活用空檔時間」

從杜拉克的思想看來，經驗不夠的經營者會「花很少的時間來處理重要的經營方針、計畫、決策、溝通交流」，他甚至斷言「繁忙的商務人士若是活用空檔時間搶收成果，最終只會落得無法達成目標的下場」。

如果曾反省過自己的工作經驗，再聽到杜拉克的這番指摘，想必大家都會非常認同這種看法。因為從事一項任務時，比起在細分為幾個時段來進行，直接集中在一小時內持續作業會更有明確的進展。換句話說，杜拉克否定許多人所主張的「活用空檔時間」觀念，因為杜拉克認為這只不過是幻想罷了。

每當我再次咀嚼杜拉克說過的話時，不禁會讓我想起前文也提過的企業收購顧問工作。那主要是對世界級的日本大企業提供企業收購方面的顧問工作，而我當時也是這個計畫的成員。

在計畫漸入佳境時，那位經營者每天都花上大量的時間在檢討收購案。在連日的會議中，他會一直詢問問題，直到自己可以接受答案為止，而且也會仔細地進行邏輯推演，然後才會決定好下一步。

他在會議上處理工作的方式，讓我學到很多經驗。因為那位經營者的關係，我才瞭解到「世界級的經營者絕對不像超人那樣，能在腦中突然閃現出厲害的主意、可以短時間內決定大案子的下一步該怎麼走」。先決定好目前最優先解決的課題，然後針對這個最優先的課題預留「完整的時間」，一口氣投入全部的能量，盡全力討論邏輯上的可行性，接著才做出判斷。一位厲害的經營者就是會不斷重複如此程序。

結論就是，持續重複基本程序，才是最重要、也最理所當然的時間運用方式。我有幸能在二十多歲時親眼看到能體現這個真理的人，那次的寶貴經驗直到現在也依然是我最重視的個人資產。

得出成果的人要回顧時間的運用方式

此外，杜拉克還有一個建議，可以幫助我們確保「完整的時間」。

「能獲得成效的人不會從任務和計畫開始著手，而是會從管理時間開始著手。他們要確定自己該把時間用在什麼地方，才會開始進行任務。」

可是，為什麼不能從訂立計畫開始著手呢？為什麼一定要從檢討自己的時間該如何運用開始呢？

杜拉克的理由是商務人士在時間的運用上，每天都會面臨龐大的壓力。雖然自知要投入時間做好一件事情，然而大家都無法將時間全面地運用在既定計畫上。他根據自己的研究指出，人若是只靠著記憶管理時間上的運用，實際上的時間運用則會和記憶相差甚遠。所以要管理好時間，就要確實地親自把握好時間的運用方式。

例如我自己，我在管理自己的行程時，不會只用和公司共有的行事曆來確認自己的工作進度，我還會使用可以放在自己胸前口袋的小筆記本。因為只要隨手打開筆記本，就能簡單回想起自己的時間本來要如何運用。同樣格式的筆記本我用了將近十年，今後也打算繼續保持使用它的習慣。

這些巴掌大的筆記本，再用了二十年我也不打算丟掉，我會一本一本好好保管起來。這麼一來保管筆記本時就多了「隨時回顧自己的時間使用狀況」的優點，完全不會給我帶來任何缺點。

若你能確實回顧自己的時間運用方式，不妨也試著管理好時間的運用。為了確保「完整的時間」，請每天在上班前的一小時內，在家中確定好自己的工作行程，或是在會議中的特定時間內集中檢討時間的運用，如此我們就能仔細檢視自己是否確實地「彙整時間」。

不要三分鐘熱度

就算股市五年不開市，我也會照自己的想法投資。

華倫・巴菲特

Warren Buffett，美國投資家、慈善家

17

I buy on the assumption that they could close the market the next day and not reopen it for five years.

想想五年後的自己

股票常常會因為股價的短期變化，而讓投資者產生想立刻進行買賣的衝動。但是華倫．巴菲特（Warren Buffett）這位世界級的投資者，假設了股市隔天突然不開市，當所有股票無法進行交易時，他也覺悟到必須長期持有那些因為自己的決定而投資的股票。

我對這句話有非常鮮明的記憶，因為第一次聽到的時候是二〇一五年的夏天。那時只是偶然從巴菲特的著作中看到，這個獨特的投資哲學便留在我的腦中。只要一想到再過五年，也就是在二〇二〇年八月時，東京奧運正式開幕的那個時期，我的想像力就會開始不斷地馳騁。

我想像全世界的運動員們都來到正值酷暑的日本，除了能觀賞他們在場上進行燃燒熱血般激勵人心的比賽，而且我還設想到他們現在為了在五年後的奧運中奪得殊榮，正日復一日地認真練習。

反觀我這個人，在那種時節裡一定會擠在客滿的車廂中不停哀叫著「好熱啊」。和大熱天中在東京比賽的運動員相比，這個差異讓我有點自慚形穢。也因此，我也開始反問起自己：「在接下來的五年內，我們這些不是運動員的人又該如何度過呢？」

本節介紹的話是由華倫．巴菲特所說。不管你是否有涉獵過金融投資，你多少都會聽過這位股市大亨的名字。他會持有優良企業的股票數十年，不但長期投資該企業，而且還能從中獲取比其他投資者還多的收益。順道一提，華倫．巴菲特和比爾．蓋茲一樣都是世界富豪排行榜上的常客，在二〇一五年時他位居排行榜的第三名。另外，華倫．巴菲特把將近八五％的個人資產（美國史上最大數兆日圓單位的資產）全用於慈善事業上，因此他也是一位受到全世界尊敬的大人物。

享受過程，兌現成果

在這裡，我們讓這句話所指的對象超越股票投資者，轉而用在我們一般商務人士身上吧。

若是舉出我們身邊的例子，像是找工作、拓展人際關係、子孫的教育等等，這些必須花費時間和金錢使其成長的事情，在廣義上來看都是屬於投資的表現。其實，這種廣義上的「投資自己」，就跟巴菲特的投資哲學「長期持有」有一樣的意義。

例如，跳槽到其他公司的「工作上的投資」，比起薪水變高的正面短期效應，新的環境讓你確實累積經驗，五年後回顧自己換工作的歷程和成果時，就會覺得這是很划得來的投資。如果被眼前的利益迷惑，猶豫要不要在工作上長期投資自己，就會讓得來不易的成長機會從手中溜走，最後反而為自己的損失感到後悔。

那麼，在什麼都有可能發生的人生裡，我們又要如何順利地長期投資自己呢？這個問題的答案提示就在巴菲特的生活方式上。

巴菲特生於美國內布拉斯加州的奧哈馬市，在他八十六歲的二〇一六年時被同市的居民們尊稱為「奧馬哈的神諭」。奧哈馬市人口約四十萬人，是個規模不到日本政令指定都市標準的城市。他在一九五八年時，購入奧哈馬市郊區的一棟房子，即使是身為億萬富翁的現在，他仍然過著簡樸的生活。

正如巴菲特說的：「比起成果，我更享受投資的過程。」巴菲特不是為了可以過上奢華的生活而投資。另一方面，巴菲特也說：「絕對不能輸最重要。」因此他也算是一個很在乎成果的人。換句話說，巴菲特投資股票不是為了賺錢和奢華的生活，而是有意識地享受投資的過程，以及每天都堅持要從過程中兌現出的成果。這種觀念，對想要投資自己的我們來說，其實非常有參考價值。

遙遙領先五年前的實力

在你思考好自己要投資在哪個「領域」時，不妨也參考一下巴菲特以下的經歷。他從一九六〇年代開始，就已經持有美國運通的股票，至今超過五十年。

一九六〇年代時，美國運通面臨了倒閉的危機。但是巴菲特以宏觀的角度預測「從長遠看來，信用卡的普及率將會上升」，所以不僅相信美國運通的品牌實力，也決定長期投資美國運通的股票。

不久後，美國運通不負眾人的期待，終於發展為全球企業。而巴菲特也因此證明自己的投資標準在本質上是很有可行性的。這一點用在投資自己也一樣，若能掌握社會的脈動，只需要用簡單的觀念正確判斷，再加以實行後一定可以得到成果。

今後五年，日本的經濟環境會如何發展？在人口減少的趨勢下，國內的股市也確定會開始縮小。隨著二〇二〇年東京奧運建設潮的結束，開幕時的大眾心理覺得景氣好轉的效果也許無法長久持續。不過，奧運也會刺激人們積極開拓國外市場，所以未來有能力對此做出貢獻的人才也必定會受到社會的矚目。

如果你是想要投資自己的人，不妨想一想巴菲特的那句話吧。我們不一定要追求短期可得的成果，一步一腳印地累積實力也是一種選擇。五年後的你絕對有辦法看到和原本的自己完全不同的實力。

五年後，我們每個人的「個人股價」是否會上漲，就要看我們現在怎麼做了。只要這樣想，就會讓我們努力充實個人技能，好好地投資自己。

18

我很不擅長一心多用。

在每個瞬間集中自己的注意力

I don't multitask well at all.

桑德爾・皮采

Sundar Pichai，Google 公司執行長

否認自己擅長一心多用

一心多用對現代上班族來說是難免的，在我們的日常業務裡，要處理的工作不只一、兩項，而且上司每天都會指示數個不同的任務，又或是客戶的要求突然增加。大致上，在很多場合裡我們得同時處理以上這些情形。那麼，Google公司執行長又是如何處理接踵而來的任務呢？

時間就發生在二〇一五年十月，當時就任為執行長的桑德爾．皮采（Sundar Pichai）公開說出了那句話。由於Google這個大企業在事業上跨足了許多領域，所以按照常人的推斷，身為Google執行長的皮采，絕對需要擁有能夠一心多用的本事。現在皮采的腦中，想必也有兩隻手數不完的經營課題正等著他處理，時刻都有排滿的行程。但是，人家卻沒想到那個理應擅長一心多用的皮采，居然說出了那句話。所以在我第一次看到那句話時，真的嚇了一大跳。究竟這句話到底包含了什麼意義呢？

桑德爾．皮采，在位於印度東南部的清奈（Chennai）出生，印度理工學院畢業後，一領到獎學金便動身前往美國發展。取得工程學博士和企業管理碩士學位後，在二〇〇四年加入Google公司的行列。雖然皮采的經歷是典型精英商務人士的發跡故事，但其實同事們都說根本想像不到這個沉默寡言的人，會在將來成為Google的執行長。

皮采進入Google後，開始累積起各方面的事業成就。首先他從發展Google搜尋列開始，再來就是Google地圖、Google^{+}、Gmail、Google雲端硬碟等各種事業。後來，在他提議研發Google自製的瀏覽器軟體後，因應而生的Chrome瀏覽器也得到了獨占市場的佳績。從二〇一三年開始，皮采也成為Google Android系統的負責人。

皮采累積自己的工作成果，從一名企業小員工逐漸成長為執行長的經歷，可說是非常典型的勵志故事。像這樣的人，理應是一個有辦法一心多用的商務人士才對啊。

把手機放在包包裡

本節所介紹的那句名言還有下文，那些話其實是媒體訪問皮采時他的發言。皮采接著說：「我常常看到別人可以在會議上開著電腦和手機，和他人傳送訊息，我自己就沒辦法做到這麼順手。」

雖然有些企業認為會議中收發郵件可以提高員工的工作效率，不過這個觀念隨著組織的不同也有相當兩極的看法。令人玩味的就是，皮采沒有否定在會議上一心多用的行為。真要說的話，皮采對媒體說出那些看法，只是單純表達自己不擅長一心多用。而且他不但認為自己不擅長一心多用，也有勇氣老實公開自己有這個特徵。

此外，他還說由自己擔任領導者的團隊中，會要求成員在一同用餐時將手機收在包包裡。這是為了避免成員們太在意手機傳來的訊息，希望大家能迴避無法集中注意力在用餐上。也許這是因為自己不擅長一心多用的特性和經驗，所以他下判斷指示成員們將注意力集中在眼前的工作上吧？

從這個習慣當中，我們可以看到皮采在工作上取得成果的祕訣。他雖然沒有強烈的領導者氣質，主導著團隊，謹慎謙讓的他可以升上Google執行長，是因為他會專注在眼前的每一項任務，盡全力將其一個個完成。

皮采深知自己的弱點就是「不擅長一心多用」，也因為他持續摸索解決這個弱點的方法，所以才造就了現在的他。過程中，皮采不但正視自己的弱點，也用他自己的方式建立工作程序。

專注單一任務能確實得到成果

在他就任為執行長的十個月前，也就是二〇一四年的秋天，他開始負責監督Google公司所有事業，此時他的立場在實質上已經在擔任執行長的工作。正式發表就任前的那段期間，可說是執行長的訓練期，不過皮采依然能在那段期間確實專注於眼前的任務，並且完美結束就任執行長前的排練。

回顧我們的職場，多少也有幾位能完美地一心多用的上司、同事，而我們無法一下子就跟上這些超人的腳步。像這個時候，我們不如多學學皮采，大方承認自己不擅長一心多用，然後再集中專注力把眼前的任務一個個完成。要是做任何事都隨便趕工完成，結果讓上司、客戶打回票，反而會浪費更多的時間。所以建議大家千萬別急著把所有任務完成，要想辦法專注在一件任務上，確實地做出成果，這麼一來，自然也會縮短完成所有工作的時間。從結果上來看，你會發現自己看起來像是有辦法一心多用一樣。

其實我工作的進度推展得很慢，也很不擅長一心多用。不過，當我學杜拉克在前文所建議的「基本工作方式」時，我不會用十到二十分鐘的工時細分每個任務，而是會在調整行程表時，盡力安排一到兩小時的長時間進行作業。若是各種任務的行程安排很密集時，我就會把這些任務寫在紙上，然後再一個個集中處理。如果你不是可以一心多用的超人，那就要務必記得多花點工夫來安排任務的處理時間。

第五章｜總結

● **把注意力集中在一點**

先明確決定好任務的優先順序。把必須完成的事確認清楚後，再全心投入自己的工作能量。

● **仔細安排時間的運用**

用心調整好行程規劃，確保完整的時間，如此就可以集中注意力在每件工作上。

● **不要三分鐘熱度**

成果不會在短期之內出現，不要受外界影響就輕易動搖，要將能量集中在一個目標，從長遠來看，這才是讓成果最大化的做法。

● **在每個瞬間集中自己的注意力**

不要以一心多用的方式面對所有任務。專注處理眼前每一項任務，最終就能完成許多任務。

以好規律控管行動

第六章

每個步驟都不可大意

用心傾聽

絕對要回應他人的期待

不要被外觀迷惑

立志成為優秀的人

每個步驟都不可大意

第一印象就是一切，第二印象也是一切。

19

The first impression is everything. So is the second.

理查．布蘭森

Richard Branson，維珍集團創辦人、董事長

為何取名為「維珍」

若要說起發跡自英國，而且很有個性的大企業集團總裁，很多人會立刻聯想到白手起家的英國創業家——理查・布蘭森（Richard Branson）。值得一提的就是這位總裁在展開他那世界級的事業時，第一步就是從高中輟學並創辦學生雜誌。

後來，布蘭森的二手唱片郵購公司也獲得成功，隨即展開維珍唱片等事業。等到布蘭森販賣音樂唱片的事業越來越好時，他卻突然進軍到和唱片業毫無關聯的航空界，而且後來還獲得了莫大的成功。然後他為了開始挑戰之前都沒接觸過的商業領域，經過深思熟慮後將自己創辦的集團稱為「維珍」，從這個名字中，我們可以看出布蘭森搭著熱氣球從大西洋渡過太平洋的冒險家精神。

雖然很多人都主張過「第一印象很重要」，但是由布蘭森所說的那句名言卻特別地不同。因為當中存在著兩種彼此相反的訊息，布蘭森不但一口咬定「第一印象就是一切」，就連「第二印象也是一切」，這個主張怎麼看都是前後矛盾。

另外，這句話的原文念起來也有獨特的節奏。後半段「第二印象也是一切」的原文是以"So"起始的倒裝句。換句話說，布蘭森想強調後半句的「也一樣重要」。當你聽到這樣的節奏，也會讓人有後續的想像。也許布蘭森再說下去，可能還會繼續說「第三印象也一樣很重要」（So is the third.）。

接觸企業的瞬間，就會形成客戶的第一印象

那麼，布蘭森繞著圈子說出這句話，究竟想給「印象」這個概念傳達些什麼意義呢？我在別處曾聽過布蘭森對於「顧客應對」的意見，其中能發現到相關的提示：

「顧客第二次接觸我們公司時，大多會有某些不滿。這時我們如何回應、如何提案，將確定這是否會強固品牌的價值，或是毀壞品牌的價值。」

在這裡，布蘭森不說「印象」，而是使用了「提案」這個詞。他認為企業每一次面對顧客時的提案都會形成顧客對企業的印象。企業的品牌就會因顧客對他們的印象而得到強化或劣化。

布蘭森所說的「提案」（Presentation），並不是Power Point的數位資料或演講的原稿。而是企業在應對時給予顧客的印象，或是顧客拿到企業的商品、服務的瞬間，取得其中資訊時所產生

的印象。如果企業每一次都能細心地回應顧客，其中所帶有的正面印象就會幫企業構築出強固的品牌形象。

布蘭森很重視這個原則，所以才能維持強力的品牌形象，進而創建龐大的企業集團。我搭乘維珍航空時也明顯發現到這一點。飛機上不但會提供按摩服務，而且還設置吧台。在維珍集團營運的希斯洛機場裡，能看到相當洗練的俱樂部，裡頭各種嶄新的創意和服務也讓人印象深刻。不管是體驗哪一種維珍旗下的產品，都能感受到一股「很維珍集團」的思維。而這也代表維珍集團很重視我這個顧客，他們會用一貫的態度徹底執行讓顧客感到滿意的過程。

另外，除了維珍集團的布蘭森之外，賈伯斯這位很有個性的蘋果公司經營者，一樣會為了顧客的「第一印象」、「第二印象」，甚至「第三印象」全力以赴，因此維珍集團和蘋果公司才能成長為一流的品牌。

多注意細節部分

值得玩味的是賈伯斯和布蘭森兩人都有一個共通點，那就是都會「努力追求個人時尚」。一個是以穿黑色高領毛衣加牛仔褲作為商標的賈伯斯，另一個則是長髮搭配鬍子的布蘭森。

賈伯斯的造型就是蘋果公司「堅持生產最高科技產品」的完美體現。而布蘭森則是以狂野豪放的外觀，表現出維珍集團具有冒險家精神，願意不斷挑戰未知的領域。

他們兩人的時尚品味，就是因為在乎周遭人們對自己（或自己的公司）會產生某些細微的「印象」，所以才會展現出屬於自身經營哲學的外在形象。

當然，如此在乎品牌形象一定不會忽視產品及服務的品質。布蘭森除了重視所有顧客對維珍集團的產品、服務的印象之外，也會兌現與印象相符的高品質。他們不是只有重視外觀而忽略內容，他們更在乎讓高品質的內容和外觀（印象）產生完美的搭配。

我在高盛集團上班的第一年，常常被同事提醒「要多注意細節部分」（Attention to details.）。例如一些要給客人看的資料裡，必須多注意全體的細節是否正確。當時我受到的員工教育就是必須將字體、錯字、漏字、文件的格式設計等等全都抓出來，即使只是些微的小錯誤也不能漏掉，以免讓客人產生不好的印象。

盡了最大努力提供給顧客的建言，只是傳達要旨還不夠。建言的內容、細節部分都必須用盡心思，不能給人粗糙的印象。反過來說，如果一份資料給人的第一印象不佳，對於內容我們也不會有所期待。從布蘭森說的那句話中，可以看出他不只是在乎外觀上的印象，而且會時時注意內在，並且努力維持品質。

用心傾聽

全神貫注地聆聽他人說話。

20

厄尼斯特・海明威

Ernest Hemingway，美國知名作家

When people talk, listen completely.

商業會談的規則

厄尼斯特・海明威（Ernest Hemingway）有著「爸爸」的暱稱，他是一位全世界讀者都熟悉的美國作家。由海明威所創作的《太陽照常升起》、《戰地春夢》等作品不但是現代經典文學，《老人與海》更是榮獲諾貝爾文學獎的好書。

「海明威爸爸」平時的活動不是只有待在書房內寫書，他也喜歡釣魚和狩獵等戶外活動。由於他有這樣的生活風格和獨特的文體，所以才能跨越時代成為受大家喜愛的美國英雄。

「我會在注意聆聽他人話語時，學到更多東西。」

海明威之所以說出這樣的話，抱持這種態度，是因為他年輕時是個親赴戰場的戰地記者，他記錄了自己的眼睛和耳朵所捕捉的事實體驗，將其發表。海明威很重視自己的所見所聞，因此，「寫小說時，不是寫『人物』，而是創造有血有肉的『人類』。」就成了他的創作哲學。

當然，這世上沒有人會否定「聆聽他人說話」的重要性。我在哈佛商學院念書時，就發現那裡的人們都非常重視「仔細聆聽」的觀念。課堂討論時，教授會充分扮演主持者的角色，包含留學生在內的所有學生，都能在課堂上以各種不同的身分背景暢所欲言，而這也是促進學生們學習的泉源。

在學期剛開始時，為了活絡大家展開良性發言的動力，我記得我們還定了上議論課時的規則。這個規則就是「他人發言時絕不插嘴，也要控制舉手發言的次數」。因為哈佛商學院聚集了很多發言能力高強的學生，若不這樣規定，大家都會在他人發言時頻頻插嘴、不停舉手請求發言，如此一來就會讓整個議題沒完沒了。

不過，定下這個規則的目的還有兩個。第一是為了從他人的發言中取得有益的資訊，聽者最基本的態度就是將他人的話聽到最後。第二是認真聆聽他人說話，就是打從心底尊重對方的第一步。

在哈佛商學院中，有來自全世界不同家庭環境、宗教、語言、出身地的學生。想要讓自己被其他不同的人們接受和尊重，能夠彼此切磋琢磨、互相合作，這一切都要先從好好聽人說話開始。

為什麼會稱為「爸爸」？

看到海明威的那句話，讓我想起哈佛商學院上討論課時該注意的規則。而且海明威形容聆聽應有的姿態，是用全神貫注（completely）這個比小心注意（carefully）還要更強調專注動作的詞。

但為什麼他要如此強調仔細聽人講話的重要性呢？其實，從海明威本人愛自稱「爸爸」這個外號就能看出端倪。

海明威和自己母親間的爭執是很有名的事。由於海明威的母親希望能生下女兒，因此海明威在少年時，曾有一段期間常常被母親打扮成女生。此外，他的母親也將自己無法成為音樂家的夢想加諸在他的身上。

而身為醫生的父親，將釣魚、泛舟、狩獵等戶外活動的興趣教給了海明威。父親雖然一方面希望他能「繼承醫生的家業」，但另一方面也接受兒子想要成為新聞記者的決定，所以後來願意讓海明威踏出家門實現自己的夢想。對於父親肯定兒子的決定，海明威表示自己很愛父親。

海明威的父親會仔細聆聽，並且全面地尊重海明威的存在，絕對成了海明威心目中最理想的父親典範。由於這個遠因，所以要大家全神貫注地聽人說話的海明威，才會在晚年喜歡被人稱為

「爸爸」。

比起「說話」，「聆聽」更需要技巧

海明威的主張，在國際化的工作環境裡更顯得有意義。在國際化的商業會議中，很多場合需要發言，比較極端的情況裡，甚至可以說「一句話都沒有發言，就會被當作不存在的人」。但並不是有發言就好。「發言」的最低要求，就是展現出「聆聽的態度」。面對和自己意見不同的言論時，必須認真聆聽，表達出自己尊重發言者的存在，再確實地陳述自己的意見。

關於這點，史蒂芬．柯維（Stephen Covey）的暢銷書《與成功有約——高效能人士的七個習慣》，也提及海明威的主張確實相當重要。史蒂芬．柯維在書中表示：

「幾乎所有人在聽他人說話的過程中，想的不是該如何理解對方說的話，而是在想接下來自己要說的話。」

這句話讓我很感興趣。因為史蒂芬這位和海明威不同時代、專精不同領域的美國知名學者，在主張「聆聽」的重要性時，都會用「說話」這個行為作為對比。

我們日本人常被外國人批評「在國際會議上不太發言」，原因不只是因為語言的隔閡，對於主動發表意見這個行為也有一層難以突破的高牆。但是從海明威和柯維的話語中，我們感受到不同的國情中，他們反而認為「聆聽」比「發言」更不容易。我認為日本人要是想在國際化的舞台上有所貢獻，那就不要只顧著「一定要發言」的想法，也要有「當個好的聆聽者」的觀念。

大家可以回想一下海明威的文章，想想他那極度削減形容詞卻又充滿魄力的文章。那種話少卻又讓人感到句句實在的話語，是不是會讓你聯想到古時候穩重的日本武士呢？我們日本商人在用外語跟人說話前，不妨先展現出「願意仔細聆聽」的姿態。對於他人的每一句話，都能確實回應自己的意見才是最重要的溝通態度。

絕對要回應他人的期待

期待總是會在前方等候著你。

21

亞歷克斯・佛格森

Alex Ferguson，曼聯足球俱樂部總教練

The expectation is always there.

商界也讚譽有加的足球教練

二〇一三年五月，體育界有一位知名教練正式引退。而他的管理哲學也受到許多商界人士的關注。這是因為二〇一二年時，哈佛商學院將他的管理學觀念列為教材。因此在二〇一四年四月時，哈佛商學院正式聘請他為教授。

那位知名教練就是亞歷克斯・佛格森（Alex Ferguson）。不管是在英國、歐洲，甚至是全世界，都有出類拔萃的足球比賽實績及廣大粉絲層的常勝軍「曼聯」，二十六年來就是由佛格森擔任總教頭。在佛格森擔任曼聯總教頭的這段期間裡，曼聯曾奪取十三次英格蘭足球超級聯賽冠軍（包含兩次的三連冠）、兩次UEFA（歐洲足球冠軍聯賽）總冠軍等各種戰績。在最近比較讓人有印象的就是，佛格森執掌曼聯兵符的最後一季裡，他特別提拔日本足球代表香川真司選手成為曼聯球員，這對我們日本人來說是十分值得誇耀的大事。

佛格森有名的地方就是擅長培養年輕球員。保羅・斯科爾斯（Paul Scholes）、瑞恩・吉格斯（Ryan Giggs）、大衛・貝克漢（David Beckham）都是在佛格森麾下獲得發展。那麼，佛格森率領這支以奪冠為義務的常勝軍，究竟有什麼祕訣讓他大膽地給年輕選手機會，同時順利整合所有老將，引領隊伍奪得勝利呢？

佛格森曾接受哈佛商學院教授安妮塔・埃爾伯斯（Anita Elberse）的訪問，他也說了以下這段談話：

「沒有人喜歡被批評。不只是選手，對任何人來說，沒有什麼比一句『幹得好』（well done）還要更有價值了。」

「稱讚的力量」，這就是引導出選手的實力，讓球隊發揮出最好成果的祕訣之一。

除了在比賽後稱讚球員的傑出表現，擔任教練時的佛格森在賽前一定會幫球員建立起自信。他在送球員上球場前，會再三提醒球員們努力至今的輝煌戰績。所以球員們對自身的實力不但有無法撼動的自信心，而且團隊間的信賴也很強大，讓整個團隊提振比賽的士氣。

將「自信」和「期待」組合起來

在佛格森宣布正式退休時，他的演講內容也頗有管理學的風格。

二〇一三年五月十二日，就在佛格森最熟悉的老特拉福（Old Trafford）球場上，在最後一場比賽結束後，佛格森站在球場中央，球員和球團員工包圍著他，接著佛格森對所有支持者說出了簡短並充滿信念的退休感言。

首先，他說「這段演講沒有事先準備講稿……」，然後對球團、員工、球員和支持者表達感謝之意。接著開始對自己培育過、率領過的球員們說了一些勉勵的話。內容大致上為：「你們每位球員都相信自己是有實力的，也深知身上披的制服是多麼重要。」簡單地說，佛格森想對曼聯球員們強調：「你們是被選中的精英。」接著他又說：

「期待總是會在前方等候著你。」

"The expectation is always there."

從那段演講的文脈當中，我推測佛格森想要表達的就是：

你們在足球界中已經是精英中精英，都擁有世界頂級的足球實力。也因為如此，你們更要記得全世界對你們抱有相當大的期待。你們要相信自己的實力，並回應這龐大的期待。

如果只以誇獎球員的方式作結，就只是單純的說好聽話罷了，這樣只會導致球員們日益怠慢。所以佛格森不以誇獎球員作為演講的結尾，而是告訴球員們全世界都很「期待」他們的表現。「期待」能改變球員因「自信」而導致的輕忽大意，遏止他們的球技退步。佛格森也要求球員們要將「自信」化為往更高目標前進的動力，並且以此邁向成功的道路。

相反地，如果佛格森只是單純地將「期待」加諸在球員的身上，那麼將話聽進去的球員又會如何呢？那些只要穿上傳統曼聯制服就能吸引大批球迷入場看比賽的球員，可能會因為壓力過大，而無法在球場上放手一搏。要是突然出現過高的障礙，球員們恐怕都不會想努力跨越難關。也許佛格森不希望這份「期待」變成球員們的壓力，想讓他們轉換出有助於跨越難關的正向能量，所以也在演講中讓他們感受到「自信」。

誇獎自己並回應期待

在這裡，我要想像一下佛格森心中的想法。由於「亞歷克斯・佛格森是曼聯總教頭」的名號，相信許多人對他有非常深厚的信賴感。隨著每一次取得的戰績，周遭的人們也會越來越期待他的表現要守住「曼聯紅衫軍是常勝軍」的這層意義，恐怕對負責率領球隊的佛格森來說，已經讓他承受比任何球員都還要強烈的心理壓力。

而佛格森為了回應這個偌大的「期待」，與其說「你一定辦得到」的期許是為了鼓勵球員，倒不如說那其實是佛格森說給自己聽。在發現佛格森透過回應周遭人們的期待，並將其轉化為自己努力向上的動力後，不禁也讓我覺得誇獎自己也是一種督促自己不斷進步的力量。

不要被外觀迷惑

所有水果當中，蘋果的簡約即是細膩的極致。

史帝夫．賈伯斯

Steven Jobs，蘋果電腦創辦人

22

Fruit — an apple. That simplicity is the ultimate sophistication.

難以理解卻值得深思的話

在史帝夫・賈伯斯（Steven Jobs）留下的名言裡，本節所介紹的也許是最難瞭解的話之一。但與其說難以瞭解，倒不如說是話講得迂迴。然而，這其中所要表達的意義卻值得我們深思。

賈伯斯在進行有條理且含有明確結論、明確根據的簡報時，為了強調想要表達的訊息，會將簡報中的邏輯架構全部打掉，同時還會加上戲劇性的演出。賈伯斯會使用變化多端的技巧引導大家的注意力，可說是相當善於言語溝通的高手。也因為賈伯斯靈巧的溝通技巧，而在解讀他的話中真正的意義時，都會深深吸引讀者或聽眾。

本節所介紹的是賈伯斯在二十多歲時所說的話。這是美國記者史帝夫・利維（Steven Levy）訪問賈伯斯時，賈伯斯親口說出的話。單從字面意義上解釋，我們可以看出蘋果是賈伯斯最喜歡的水果，甚至為了這個水果的簡約而將公司命名為蘋果電腦公司。

蘋果電腦名字的由來一直是眾說紛紜。其中一種流傳已久的說法是因為賈伯斯很喜歡披頭四，所以參考了一九六八年由披頭四設立的蘋果唱片公司之名。

後來在二〇一一年時，得到賈伯斯授權出版的《賈伯斯傳》中，記載了為何賈伯斯會以蘋果當作公司的名字。書中說明賈伯斯在奉行蔬食主義的期間，因為從蘋果的英語發音裡感受到有趣且開朗的印象，所以才將公司命名為蘋果電腦公司。

不要被單純的外表迷惑

現在我們要來探討本節開頭所介紹的話，想想為何賈伯斯會以蘋果作例子，而其中又有什麼含意？其實，那一句引起大家注意的發言還有下文。

- 當你探討問題時，一開始會以為單純的方法就能解決問題，這是因為你還不瞭解問題有多複雜。解決方法就會過於單純。

  "When you start looking at a problem and it seems really simple with all these simple solutions, you do not really understand the complexity of the problem. And your solutions are way too oversimplified."

- 深入瞭解問題，你就會發現問題的複雜程度。接著會思考各種複雜的解決手段。大多數人會在這個階段停止思考問題，而這時想出的解決方法確實也能姑且應付一下。

"Then you get into the problem, and you see that it's really complicated, and you come up with all these convoluted solutions...that's where most people stop, and the solutions tend to work for a while."

● 但真正優秀的人會繼續思考，找出問題背後的本質，最後就會想出既簡單又能俐落解決問題的完美方法。

"But the really great person will keep going, find...the key, underlying principle of the problem. And come up with a beautiful elegant solution that works."

換句話說，賈伯斯認為人類在面對問題時，不可以被事物的單純外觀迷惑，必須進一步深入探討。雖然深入探討之後，會發現其令人難以招架的複雜，但這時千萬不可以用姑且可行的方法加以應付。而是要持續思考問題的本質，直到找出最好的方法為止。

也許這是二十多歲時的賈伯斯在奉行蔬食主義期間，從強調蘋果營養的「一天一蘋果，醫生遠離我」中所感受到的深奧道理。蘋果雖然擁有單純的外觀，但事實上卻也擁有複雜的本質。而這種超越複雜的簡約中，也含有兼備優雅外觀的意義。

有條不紊地持續尋求答案

其實我是在哈佛商學院裡初次看到賈伯斯說的那句話。在課堂上，我們以蘋果公司的設計哲學作為案例教材，然而當時的我一直無法理解這句話所蘊藏的道理。

但在當我想起iPhone、Mac等蘋果公司的商品時，能感受到它們都有一個共通點。那就是每個商品都蘊含著賈伯斯的哲學，也就是前文所提及的「蘋果理論」。要實現蘋果公司商品簡約的外觀和優秀的功能，必須付出設計者、研發者、行銷專員、原料供應商等許多人的勞心勞力，讓人感到不可思議又十分佩服。

我在哈佛商學院留學的那段期間，曾因為英語溝通的問題而困擾不已，我甚至還自問日本人為何讓人覺得如此不擅長說英語。很多人都認為只要常常和說著道地英語的外國人對話，就能用英語說出充滿說服力的意見。但這個太過單純的見解，讓我在現實中踢到鐵板。最後我找出的答案就是，一個能將英語當作第二語言的日本人，會有意識地陳述出含有明確結論和根據的文章，就算發音不標準，也可以用簡單的詞彙及表現讓對方理解。

在我們的日常生活中，或許有很多事物也藏著「蘋果理論」的道理。這個道理想要告訴我們，我們必須懂得深入探討事物的本質，而在我們難以找出答案時，也必定會感到困惑。但我們不需要為此而慌亂，只要慢慢地努力尋求解答就可以了。我想這種面對問題的方法，也算是能為自己產生出附加價值的正面進攻吧？

立志成為優秀的人

人會因為工作成果被認識，但還是想被認為是個好人。

德瑞克．基特

Derek Jeter，前美國職棒選手

23

You're known for what you do. But you still want to be known as a good person.

即使自己有必須追求成果的壓力

這一節介紹的名言裡，想要傳達的訊息其實很簡單。由我來意譯的話，就是：「雖然在工作上追求成果很重要，但更重要的就是要當一個行得正坐得端的人。」

不過，這個理所當然的道理何以打動著我們的內心？還有，這句話又是誰說的？為何能讓我們的內心產生如此大的迴響呢？

這句話的發言者是美國大聯盟裡擁有最佳經歷的偉大球員——德瑞克．基特。從他出道開始算起的二十年，到二〇一四年退休為止，他一直是為紐約洋基隊效勞的死忠老將。而且不用我特別說明，大家都知道德瑞克．基特在全世界擁有廣大的粉絲，是不折不扣的超級巨星。

基特在紐約洋基隊效力的二十年間，曾幫洋基隊拿過七次總冠軍、五次世界大賽冠軍，使洋基隊正式邁向史無前例的黃金時代。他個人的生涯安打數為三千四百六十五支，是美國大聯盟史上第六名的紀錄。在各種關鍵時刻，基特總是表現過人。在基特即將退休的二〇一四年九月二十五日，屬於洋基主場的洋基體育場便作為基特的告別賽舞台。在那次的告別賽中，基特更是打出了一支漂亮的再見安打，讓整個紐約陷入前所未有的狂熱當中。而基特那被大家稱為「傳說」般的職棒生涯也就此畫下圓滿的句點。

其實，我當初看到基特說那句話時，心中的感想是覺得很意外，因為那聽起來和他的印象不太符合。在職棒的世界裡，「自己在球場上的任務成果就等於個人的實績」。美國大聯盟裡除了有美國本土的棒球人才之外，也聚集了世界各地的棒球好手，所以他們為了讓自己繼續留在大聯盟裡，會積極提升自己的優良戰績，彼此之間每天都會上演著激烈的爭戰。

而且洋基隊在大聯盟裡更是名門中的名門。洋基球員們因為有在球場上爭功的壓力，和同儕之間會有強烈的競爭。然而這位不斷在洋基隊中勝出的最佳球員卻說：「工作成果固然重要，但成為善良的人才是更重要的事，」這句話任誰聽了都會感到意外。

如果這句話是由缺乏戰績的球員說出，大家聽了也許就會當成是失敗者在嫉妒成功的球員。但由這位在球史上占有一席之地的明星球員說出口，就讓人感到新奇了。

因為是「善良的人」，所以才會有實績

稍微檢視一下基特的事蹟後，其實就能發現他不只是球技了得而已，在人品方面也獲得很高的評價。基特由於出眾的領導者個性，所以在二〇〇三年開始擔任第十一代洋基隊隊長，同時「隊長大人」（The Captain）也成了他的外號。二〇〇九年世界棒球經典賽的美國代表隊上，基特

也擔負了美國代表隊隊長的重責大任。除此之外，基特擔任隊長時最有名的就是，從不會有囂張的言行舉止。還有美國代表隊由於剛成軍不久，團隊士氣難以凝聚，基特也會積極帶動大家的士氣。在聽裁判判決時，基特也會謹慎應對。

在多數球員奉行利己主義的美國大聯盟裡，比起刷新個人的優良紀錄，基特更在乎引領球隊的勝利，簡直可說是最理想的球隊隊長。就連松井秀喜和鈴木一朗這兩位日裔的同隊球友，也都對基特的人品讚不絕口。基特同時擁有了棒球的才能和優秀的人品，簡直就像是受到上天眷顧的完美球員。

不過，基特能得到優秀的工作成果和良好的人品評價，或許不是偶然得到的結果。也許在基特的內心中，有一股很強的信念在支持著他。因此基特才能隨時保持謙虛的姿態，以及球隊的領先地位，以贏得更多支持者。即使成了當紅球員，基特的態度也不曾鬆懈下來，不管是練習還是比賽，他都會全力以赴；在充滿危機的各種場面裡，基特也有辦法化危機為轉機。雖然有些人也會評論：「反正基特都那麼會打棒球了，不管他實際上的人品如何，都注定會在棒球史上留下良好的紀錄。」但真的是如此嗎？我們也只能推測成為「善良的人」，就是基特在比賽上屢建佳績的原因。

前文也提到基特在主場上擔任最後一棒時，遇到了只要再一次安打就能結束比賽的場面，而那時他也真的擊出了一支再見安打，這或許也是他堅持當善良的人才有的成果。當然，有些人也會說這件事「不過只是運氣好罷了」，但我倒認為這說不定是基特經年累月的努力，才擁有這樣的好運成果。

不顧實績，還稱得上有能力嗎？

那句名言後面其實還有一段話：

「不管是成為職業運動員之前還是之後，你都得繼續讓自己成為正當的人。」

"You're a person a lot longer before and after you're a professional athlete."

在美國大聯盟裡，常常可以看到球員被解僱或是被球團交易出去，球員們也常常會為了戰績而進行激烈的明爭暗鬥。那麼，為何基特可以用如此客觀和善的態度繼續從事職棒選手的工作呢？

據說，基特在成為正規球員的第一年裡，成立了支援青少年得以健全成長的慈善團體。基特當時身為一名發展仍不穩定的年輕球員，能有如此高大的志向確實令人驚訝。因為他擁有很強的信念，想要自己在獲得財富、名聲前，「優先幫助他人度過難關」。

我認為基特的言行舉止，值得讓我們這些商務人士視為模範。「比起追求工作上的成就，最重要的還是讓自己成為值得尊敬的人。」基特完全體現了這樣的信念。

換成是我們，我們有自信將工作的成就、地位放在一旁，把成為一個正當的人當成主要目標嗎？我們有辦法不憑著代表企業的名片，讓以前的同事、客戶相信我們嗎？我想這些問題的答案，或許就是基特所重視的「成為善良的人」吧？

就我個人的經驗來看，我自己在獨立創業的時候，也曾經因為個人信用不足而影響到工作成果。當時的挫敗讓我從此引以為戒。每當無法得出想要的成果時，我就會開始反省自己「是不是在工作上的信用還不足」。

另外，在介紹基特的名言後，也讓我想起自己剛進高盛集團時學到的另一句話，而那句話也是高盛集團最主要的商業原則。

專題：高盛集團的商業原則

「我們最重要的資產就是人才、資本和信用。」

"Our assets are our people, capital and reputation."

在這一節當中，我要摘錄高盛集團對外公開的「商業原則」。

在我剛進高盛集團上班時，不管是前往東京、紐約、香港等高盛在世界各地設立的辦公室，都會聽到經營高層說出這一段話。順道一提，包括這句話的整篇文章，是在一九七〇年代時由高盛集團的共同合作夥伴，同時也是華爾街裡堪稱傳說級的銀行投資家，約翰・魏堡（John Weinberg）和約翰・懷特黑德（John Whitehead）兩人率先起草十四條原則後，再正式作為高盛集團的商業原則。

只要一瞬間就會消失的資產

那麼，為什麼高盛集團會將人才、資本、信用視為最重要的資產呢？在這句代表高盛集團商業原則的話後面，還有以下內容：

「此三項如有欠損，其中最難復原的就是信用。」

"If any of these is ever diminished, the last is the most difficult to restore."

看到這裡，我們可以清楚地知道高盛集團最重視的就是「信用」。理由是因為只要失去一次就很難再賺取回來。想累積信用，得花上不少時間，然而只要一瞬間，就能讓這個最難賺取的資產全部賠光。

雖然在金融界、企管顧問界，或是各種專業領域，大家都會相信企業的名聲。不過，即使是長年號稱「金融界巨人」的高盛集團，也還是非常重視「信用」的累積。

雖說如此，但並不是所有金融機構都將信用奉為圭臬。例如二〇〇八年雷曼兄弟事件，其主因就是華爾街的金融機構視信用為無物，以及許多人過度奉行利益至上主義，才會在當時造成嚴重的風波。為高盛集團訂立商業原則的兩位合作夥伴也是長期處於輕視信用、重視利益的金融界，所以才會想要抗拒利益對世人的誘惑，而特別強調「信用是最重要的資產」。

當然，「人才」和「資本」也不該被當成不重要的東西，所以他們也特別將「人才」和「資本」視為短期內能創造出價值的資產，至於「信用」則是長期下來能逐漸表現出價值的資產。在人才流動率極高的華爾街金融界，短期聘任優秀的人才可說是家常便飯，頻繁地調度資本也是必要的經營動作。

有信用，才有辦法得到他人的支持

正如前文所述，高盛集團的商業原則對於「資產」有其獨到的定義，那麼我們將這個定義用在自己的工作上又會如何呢？個人的工作當然也一樣，代表自身內在的資產也必須一點一滴地累積起來，這種東西無法在一朝一夕之內完成。具體而言，個人能在短期間內產生價值的資產是「技術」和「經驗」，而需要長期累積的資產，說到底還是只有屬於個人的「信用」了。

這裡就拿我過去的工作經歷來當例子。從開始獨立創業，最重要的就是願意幫助我的朋友，我認為可以讓人們互相連結的東西，到頭來絕對非信用莫屬。除了有願意信任我的朋友之外，我也瞭解有些朋友可能會認為我的信用程度還不夠。簡單來說，社會對我的信用認同與否，就代表了我現階段的狀態。如果有不足之處，原因也是出自於我自身，而這也代表我還不夠努力的關係。

其實，我在高盛集團上班時，對他們的商業原則並不怎麼在乎。但是在我獨立創業成為經營者時，才深深體會到這句話的意義有多麼重要。

在前文中，我們介紹過基特的名言。而基特的名言和高盛集團的商業原則有一個共通點，那就是基特所屬的洋基隊，和號稱華爾街巨人的高盛集團一樣，主要的活動地點都位於紐約。在競爭激烈的紐約，不管棒球界或金融界都一樣很重視個人的成果。因為這兩個業界都有取得成果的壓力，所以棒球界才會有濫用禁藥的問題，而金融界則有操縱股價等醜聞。因此我們才更要以「信用」作為決定勝負的標準。

第六章｜總結

- **每個步驟都不可大意**

  不只第一印象很重要，第二印象也很重要，因此要仔細查看所有的細節。

- **用心傾聽**

  聽人說話時要仔細聆聽。尤其在國際化的交流場合上，「聆聽」他人說話是很重要的溝通能力。

- **絕對要回應他人的期待**

  稱讚自己，那種「自己一定可以辦到」的心情，能讓你無視周遭期待所帶來的壓力，並開始轉化為自己的能量。

- **不要被外觀迷惑**

  乍看之下很單純的東西往往有很深奧的概念。所以面對事物時，千萬不能偷懶隨便，要好好地釐清事物的本質，如此就能成找出簡單俐落的解決之道。

- **立志成為優秀的人**

  只在乎工作成果，會讓自己失去作為一個人的價值。將目標放在成為值得大家尊敬的對象，而這種信念也必定會反映在你的工作成果上。

第七章

讓自己挺過時代的進步

靠自己思考

持續追尋附加價值

培養出勝過AI的實力

迅速地多方嘗試

靠自己思考

資訊渴望免費化。

24

史都華．布蘭德

Stewart Brand，美國文字工作者、作家、環保人士

Information wants to be free.

被賈伯斯視為聖經的雜誌

這世上有一位人物對少年時的賈伯斯產生相當大的影響，此人就是大名鼎鼎的史都華．布蘭德（Stewart Brand）。在那個電腦仍是龐大電子設備的年代裡，布蘭德將「個人」（Personal）和「電腦」（Computer）兩個單字合而為一，是推廣所謂「ＰＣ」這個概念的先驅者。

我們都知道賈伯斯在史丹佛大學的畢業典禮演講上，有一句「求知若飢，虛心若愚」（Stay Hungry, Stay Foolish）的經典名言。事實上，這句名言是引用自布蘭德的文章。在筆者寫作本文的二〇一六年末，布蘭德已經七十八歲，即使在此時，他仍是經常呼籲大眾重視環境保育的環保運動家。

布蘭德在一九六〇年代到一九七〇年代之間，曾編製過一本名為《全球型錄》（*Whole Earth Catalog*）雜誌。這本雜誌對當時包括賈伯斯在內的年輕人來說，簡直是堪比聖經般的存在。許多人都讚嘆《全球型錄》是一本包含理想願景的偉大資訊媒介。在一九六〇年代時，由於越戰使得美國的社會動盪不安，《全球型錄》在成為反文化浪潮的象徵下，銷售量達到數百萬冊，甚至還榮獲了美國國家圖書獎。賈伯斯也曾希望布蘭德可以為自己所買下的最後一期《全球型錄》簽名。由此可見，《全球型錄》在當年擁有相當大的影響力。

現在，我們就來探討布藍德所說的「資訊渴望免費化」這句話又有何含意。

若要知道布蘭德是在什麼樣的情形下說出這句話，我們就要先瞭解一下布蘭德前後文的發言為何？

「資訊因為有其價值，因此會被哄抬價格。但要是取得的代價越低，資訊就越趨近於免費。資訊的價值一直都有這兩種相反的力量在對抗。」

我認為布蘭德的談話很值得玩味，因為當時的年代是一九八四年，不但網際網路還未普及，當然Google搜尋引擎也還沒誕生，但是在那個時候，他就已經認定取得資訊的代價將變得越來越低廉，簡直預言了未來會邁向「資訊免費化時代」。連賈伯斯都說《全球型錄》就像是「當時的紙本Google」的榮景。換句話說，布蘭德在三十多年前的那番談話，就像現在Google經營團隊提倡「資訊免費化」。

在「Google化」中發現「思考力」的重要性

艾立克・施密特（Eric Schmidt）是Google集團持股公司Alphabet的董事長，他以搜尋技術的提升和取得資訊的代價成反比為前提，主張：

「人腦的潛力其實可以聚焦到Google搜尋技術無法代替的領域。」

換句話說，他認為人腦的「概念性思考力」和「戰略性思考力」比Google搜尋引擎還要強大。隨著有效率地集中大量資訊的「Google化」的演進，個人的「思考力」變得越來越重要。「資訊」就像是料理的「食材」，而「思考力」就像是「料理的廚藝」。除了一些較難取得的食材之外，一般食材價格較固定，也較容易取得。然而，根據主廚的不同就會形成差距，此時決定好吃與否不在於「食材」本身，還要加上料理的手法，也就是「廚藝」才能決定好壞。

哈佛商學院的學生平時就要進行數百件案例研究，他們除了要從二十至三十頁的教材中汲取資訊外，也必須自己思考案例中的人物應該做什麼樣的經營判斷。這個時候，資訊就等於是「食材」，而每個學生的思考能力就會成為「料理的廚藝」。

在哈佛商學院的案例研究中，還有一個很嚴格的規定。那就是嚴禁學生在預習階段使用網路搜尋案例分析中的企業和當事人。

案例分析就是要讓學生用自己的頭腦設身處地思考，自己若是在同樣狀況下要如何行動。如果允許學生上網查案例中當事人的資料，學生就會從當事人在現實中的決定直接判斷出正確答案。這麼一來，學生就無法透過挑戰來訓練自己料理的廚藝（也就是思考力），只會照本宣科用他人的食譜處理食材。

這個規定就是為這個「資訊收集力不再是決定個人能力差異」的時代而設的。不管是哈佛商學院、布蘭德的預言、施密特的看法，都是以同一個想法為基礎，我們需要的不該是資訊收集力，而是要鍛鍊「思考力」。

成為能在時代變遷中生存下來的人才

現在來回想一下我們的日常生活吧。在這個網路時代裡，我們每天早上只要對著電腦等設備輸入關鍵字，就可以自動收集相關的資訊。所有追加的資訊，只要點一下搜尋按鈕就會全部馬上出現。也就是說，只要會使用電子設備就可以比他人更有效率地收集資訊，但自己和競爭對手之間的實力差距也會難以拉開。而這也表示「資訊免費化」的時代早就已經到來了。

所以身為一個商務人士，我們必須自己思考分析眼前的資訊，親自找出答案。換句話說，我們有必要以自己的手藝多費點工夫完成料理。如果沒辦法做到，就無法成為像布蘭德一樣具有遠見的人才，能率先洞悉未來的時代變化。

請在你的思維中將「搜尋、收集」的動作和「思考」分開，因為對一個以技術為重的人來說，絕對需要透過思考來提升自我，請一定要牢牢地將這一點記在心上。

持續追尋附加價值

生存的關鍵就是每天持續學習、增加價值。

安德魯・葛洛夫

Andrew Grove，前英特爾董事長兼任執行長

25

The key to survival is to learn to add more value today and tomorrow.

為了「生存下去」所採取的大膽決定

在矽谷，有很多大人物會被世人稱為「傳說中的經營者」，而本節將要介紹的安德魯．葛洛夫（Andrew Grove）也是其中一人。

葛洛夫是英特爾的創業成員，由於是培育世界級企業的最大功臣，甚至被尊稱為「矽谷之父」。葛洛夫同時也是蘋果公司的創始者史帝夫．賈伯斯的精神導師，在賈伯斯煩惱是否要回蘋果公司時，他給了賈伯斯不少建言。

本節開頭介紹的那句名言，確實很像愛好率直議論的葛洛夫說出來的話，而且還直接說進我們的心坎裡。這句話重複使用了「生存」（survival）和「增加價值」（add more value）兩種動詞，更強調了整句話的力道。這不只是對企業在經營上的忠告，對我們個人的工作來說，也是重要的提醒。

葛洛夫出生於第二次世界大戰前夕的一九三六年，是猶太裔匈牙利人。由於納粹德國的迫害而顛沛流離。大戰結束後因為反對蘇聯的支配，而參與民主化運動的「匈牙利一九五六年革命」，在遭到鎮壓之際，身上帶著少許現金便移居美國了。

渡過大西洋來到對岸的葛洛夫，只能用有限的英語詞彙和美國人溝通。後來，他拚命讀書、學好英語並取得化學博士學位，然後又成為英特爾的第三位創始員工。在剛進公司的時候，由於兩位英特爾的創始者年事已高，葛洛夫也因此成為他們的代理人。此時葛洛夫在實質上已經成為負責經營英特爾的重要人物。從一九八〇年代後期算起的十幾年中，葛洛夫也正式擔任英特爾的執行長。

不過，在葛洛夫就任執行長的當時，英特爾正處於危急存亡之秋。因為他們創業以來，一直主打的記憶體技術被日本企業大幅超前，已經面臨隨時倒閉的狀況。而在這個危機之中，葛洛夫毅然挺身站出來指揮英特爾的經營方向。

英特爾此時正如字面上所說，只能拚盡全力「生存下來」，而葛洛夫也下了一個讓身邊的人都嚇了一跳的大膽決策。他決定將組織的經營方針轉為直接放棄記憶體市場，將技術重心全放在開拓微處理器這個全新的事業領域上。

要意識到團隊最後的目標

在半導體產業中，隨著製造商品的不同，其市場分野也會有極大的不同。雖然記憶體是電腦負責記憶機能的零件，但微處理器算是電腦處理裝置裡的核心零件，而這個技術對當時的英特爾來說根本是未知的領域。

葛洛夫破釜沉舟做出踏進新領域的決定，為了「生存下來」把英特爾所有可以使出的力量全都用上，為的就是追求英特爾產品的「附加價值」。這就跟青年時代的葛洛夫一樣，離開祖國來到新天地美國拚著性命過生活。

後來，英特爾將所有心力統統投入在微處理器的事業上，穩紮穩打地做出各種決策，努力地打造附加價值。而英特爾終於從製造電腦零件的廠商，搖身一變成為製造電腦中樞的廠商。

後來「Intel Inside」這個連日本人也熟悉的標語，也深入全世界一般消費者的心中。英特爾以破釜沉舟的覺悟「追求附加價值」並如願以償，可說是相當典型的企業成功故事。

葛洛夫的指揮策略之一就是將「產品模組化」。他們所製造的每個零件不會分散出售給電腦廠商，而是會徹底統一所有產品的開發、製造、出貨流程。而電腦廠商在購入經過英特爾標準化製程的產品後，就能製造出功能穩定且性能卓越的電腦。而這也就是英特爾在整個電腦業界的附加價值的來源。

這個事實也提醒我們在工作時，不只是完成被交付的工作就夠了，多留意整個團隊的最終目標才是最重要的。例如，剛進公司的新人常被大家要求影印文件，換成是你又會怎麼看待這份工作？如果你只將這個工作當成單純的影印文件，那麼這份工作就不會產生附加價值。但要是你從閱讀者的立場去設想影印的目的是為了方便大家閱讀，你就會開始注意紙張品質的好壞和尺寸，或是研究用迴紋針裝夾文件的方法等等。若是新人能貼心地留意這些情況，相信許多公司都會很珍惜這種人才。雖然這個例子只是芝麻小事，但其中展現出的態度能確實地讓個人產生附加價值。

在合作關係中發揮極高的價值

後來，葛洛夫和比爾．蓋茲一同成立由兩間公司合作的「微特爾」（wintel）。葛洛夫讓英特爾和軟體企業合作，藉此直接將附加價值提供給消費者，因此也讓英特爾成長為世界級企業。

當他們優秀的微處理器和優秀的軟體互相結合後，才讓消費者真正了解其中的價值。反過來說，如果當時沒有和微軟合作，推出消費性產品的決定，產品的附加價值也就無法傳達給消費者知道，最後只能讓優秀產品落得無用武之地的下場。

如果從我們置身的職場來看，就是要多重視跟其他部門的合作。例如，即使研發部門認真進行研發，但要是沒有強力的行銷部門，就無法讓消費者知道好不容易研發出的產品的附加價值。相反地，如果好不容易聽到消費者的使用心聲，但研發部門卻無法運用在開發上，那麼行銷部門也只是在白費力氣。從長期來看，合作對象的價值越高，自己的附加價值也會跟著變高。

附加價值不一定是從創新中產生，與其大動作展開行動，踏實地努力，就能找到提升價值的機會。請在每天的工作裡，試著提升附加價值，有意識地使自己獲得成長。

培養出勝過ＡＩ的實力

26

對人類來說，最重要的就是懂得如何概念性思考、計畫性思考、戰略性思考。

艾立克・施密特

Eric Schmidt，字母公司 Alphabet 董事長

The most important thing for a human is to learn conceptual thoughr, planning thoughr, strategic thoughr.

人腦應發揮功能的三種領域

隨著智慧型手機和平板電腦等數位裝置在我們生活中越來越不可或缺，在這個電腦大行其道的世界中，我們人腦應該用在什麼地方呢？尤其人工智慧技術日新月異，需要用人類智力解決問題的場合也不斷地受到侵蝕，我們究竟該用什麼方式才能提升自己的附加價值呢？

Google公司以獨家搜尋技術為基礎，成為資訊化時代的領頭羊，目前他們正將資源投資在AI技術的發展上。而這個公司的前董事長艾立克．施密特（Eric Schmidt，現為Google集團控股公司字母公司Alphabet董事長）說過的一句話，可以讓我們找出回答這個問題的提示。

施密特在加州大學柏克萊分校取得電腦科學博士學位後，曾有一段時間待過帕羅奧多研究中心、貝爾實驗室，之後便進入昇陽電腦公司工作。隔年施密特就任為昇陽電腦的首席技術長後，也擔任起網威公司（Novell）的執行長。到了二〇〇一年時，施密特正式進入Google上班。

當時的Google已經創業三年，員工人數約有兩百人。同一年，Google公司成立日本法人（Google Japan LLC）。在施密特進入Google時，當時的Google在企業成長週期仍處於非常早期的階段。

二〇〇四年時，Google股票開始上市，以調來的資金和獨家搜尋技術作為武器，到了現在，我們都知道Google經歷過發展Gmail、圖片搜尋、線上影音平台，以及併購安卓公司等重大進程。

在Google的經營體制中，施密特和共同創業者賴利・佩吉（Larry Page）、謝爾蓋・布林（Sergey Brin）形成三頭經營體制。其中Google能擴大事業領域，更是因為施密特的先見之明。這也意味著，在尋求前文所提及的問題上，施密特的見解可以當我們的參考。

本節開頭所提到的那句名言，是二〇一一年時施密特接受CNN專訪時所說的話。隨著數位搜尋技術和行動裝置的進步，就算出門在外要搜尋資訊也是輕而易舉的事。因此施密特點出這個現象讓記憶資訊越來越沒有必要。

施密特主張若人腦不用於記憶資訊，那就該另外找出新的用途。在原文中，施密特使用conceptual thoughr、planning thoughr、strategic thoughr，這三項不同方面的大腦使用領域。在本節，我們姑且直譯為概念性思考、計畫性思考和戰略性思考。那麼，這三項抽象性的詞句，又各自意味著什麼呢？

AI技術的課題解決力

我們先來回顧一下二〇一六年三月時，施密特於美國哥倫比亞大學說的一段話。當時，有人問他未來是否會有被AI技術取代的職業，而施密特回應了以下這段話：

「需要創造性的職業，在今後也是無法被取代的領域。」

這句話的意思就是說需要從零開始產生新概念的能力，人腦始終還是會比電腦還要優秀。

針對AI技術的課題解決力，他又表示：

「AI技術雖然可以幫助我們解決問題，但這是因為人類會明確地在事前定義好問題的關係。」

換句話說，施密特認為要讓電腦開始運作並解決問題，在前一個階段就必須先以人腦定義好問題。

從這兩段發言中推敲前文三方面的領域，就是施密特認為要將複雜的課題、曖昧的想法，明確地定義概念、建立構想，並為了實現構想設計出具體的計畫，也要為了實現計畫，而有戰略性地引導計畫邁向成功。這就是只有人腦才能達到的領域。

要讓人腦可以用在更高端的表現上，我們人類今後應該積極訓練自己「不參考前例，從零開始，用自己的頭腦思考」。

靠自己思考的「企圖」

由於數位裝置滲透生活的周遭，我們變得越來越不用自己的頭腦進行思考。諷刺的是，科技越是進步，反而越讓我們苦於思考。

現在請問問自己，遇到必須靠自己的頭腦思考時，是否會想要先上網搜尋資訊再說呢？尤其身邊各種裝置唾手可得，在用自己的頭腦思考之前，得先面對想要搜尋資訊的誘惑。由於可以隨時搜尋資訊，取代必須自行將資訊牢記在腦中，施密特認為這將使我們不再重現問題。未來當我們遇到必須用頭腦思考時，如果還是只會依賴搜尋，我們還必須把問題視為問題嗎？

更嚴重的是，搜尋資訊和用自己的大腦思考，這兩件事的界線將變得曖昧。就算企圖靠自己思考，但過程中參考他人思考結果並納為己用的成分還比較大。

確實，用數位裝置進行搜尋，找出他人腦中的答案，可以讓我們簡單地將資訊複製貼上。然而你雖然認為這是經過思考、推導出來的答案，但終究還是別人的解答。到頭來，我們只是一直在什麼都不瞭解的狀態下，逐漸減少靠自己思考的習慣。

至於我個人，我會設定一段只靠自己思考的時間，在這段時間內，將手邊的數位裝置關機，筆和記事本就是最派得上用場的類比工具。不管寫下的是今天一整天的行程，還是記下明天開會要說的話，又或是這一年的目標等等，想寫什麼就寫什麼。總之，我建議大家養成一天三十分鐘將手機收進包包的習慣，並且每天使用、觀看記事本，藉此刺激大腦主動進行思考。

迅速地多方嘗試

大家以為創新就是
想出好主意，
但更多時候迅速行動、
多方嘗試，
也能達到創新。

27

People think innovation is just having a good idea but a lot of it is just moving quickly and trying a lot of things.

馬克・祖克柏

Mark Zuckerberg，臉書 Facebook 執行長

好主意並非創新的泉源

馬克・祖克柏（Mark Zuckerberg）在哈佛大學就學期間便架設的臉書，顛覆了全世界人與人之間的交流方式。然而祖克柏他那革命性的網路服務，改變了我們的生活，其原動力究竟出於何處？在某次美國商業雜誌的專訪中，祖克柏說了本節開頭所介紹的那句話。現在，我們要來探討一下祖克柏對創新有何獨到的哲學。

那次訪談是在二〇一〇年九月，也就是臉書正式營運的六年半後。當時臉書不但超越更早一年營運的Myspace，而且在該年夏天，臉書的全球會員數突破五億人，獲取全球最大社群網站的地位。在公開訪談內容後的兩週後，以臉書為題材的電影《社群網戰》（*The Social Network*）也在美國上映。公開上市一年半以來，急速成長的臉書已經受到全世界的關注。

若要點評目前矽谷中的所有優秀企業，我們很清楚他們為世界帶來了什麼樣的創新。例如蘋果公司，他們用簡單的機能和設計創造出革命性的數位裝置；Google公司以搜尋技術作為事業的經營核心，並且使其他企業望塵莫及；亞馬遜書店用壓倒性的物流網路和數據分析，使自己不只是零售業。那麼，臉書能在矽谷生存，究竟是靠什麼樣的獨門絕活？

前文中的那句話，其實就藏著一個明確的訊息。若要籠統的解釋，就是創新的泉源不在於想出好主意，而是要用勇於多方嘗試的精神，迅速地展開行動。

比其他公司更早進入嘗試錯誤階段

只要回顧臉書剛成立時的情形，相信很多人都會認同祖克柏所說的那句話。因為臉書並不是社群網站的先驅者，甚至說臉書算是較晚起步的社群網站也不為過。在臉書正式成立的兩年前，Friendster社群服務就已經先開始營運。到了隔年，LinkedIn和Myspace也開始營運。換句話說，當時世界上早就有不少使用社群網站的玩家。

另外，當時哈佛大學曾發表過學生通訊錄線上化的提案，許多學生也都很期待這個提案可以盡早實現。所以臉書等於是哈佛大學通訊錄線上化的試驗品，這一點在哈佛校內可說是人盡皆知的故事。

自從祖克柏受到同學的委託，開始架設哈佛人際網（Harvard Connection）後，祖克柏正式以網路工程師的身分展開始相關活動。後來，委託祖克柏製作社群網站的學生們主張祖克柏盜用他們的創意，並且將其使用在臉書當中，所以後續也興起了一連串針對祖克柏抄襲創意的訴訟。

從這個背景來看，臉書的線上服務之所以能夠成功，其基礎絕不是建立在嶄新的創意上。但是從臉書開始營運，不只在哈佛大學學生之間擁有極大人氣，而且也迅速推廣到常春藤盟校和美國西岸各大名校裡。

事實上，同一時期的史丹佛大學、哥倫比亞大學、耶魯大學也已經架設相同性質的社群網路服務。然而臉書的發展速度能凌駕於其他社群網站之上，靠的是不斷地嘗試錯誤，積極追加各種能讓用戶簡單上手的功能，所以才可以在競爭上取得優勢。

祖克柏的創新泉源

祖克柏在哈佛大學就學期間，認識了女朋友普莉希拉・陳（Priscila Chan）。兩人結婚後於二〇一五年生下了女兒麥絲瑪（暱稱麥克絲）。同年十二月，兩人寫下一封對麥克絲表達親情的家書，並且公開在臉書上。其中提到祖克柏夫婦決定將臉書股票所得的九九％利益用於慈善事業，說到這件讓全世界矚目的新聞，想必許多人都還記憶猶新吧？用當時的匯率換算，祖克柏夫婦等於是將五兆五千億日圓捐出。即使是慈善文化發達的美國，這個金額也是一筆不小的數字。

這封家書雖然比本節開頭所介紹的話語還要晚上五年，但其實能看出祖克柏對於創新有自己的哲學。在信中，夫婦兩人對今後的慈善事業有多種安排，其中包含了活用網際網路在醫療、教育上，這等於是在宣告他們想要利用這筆善款帶動一連串的革新。

具體而言，當網路技術越來越普及，關於預防傳染病的知識就可以推廣到貧窮階層，進而解救更多生命。不能上學的兒童利用網路，就可以用遠距的方式接受教育等等，信中提及了夫婦兩人的這些願景。

這應該是身兼醫師、教育者的普莉希拉的願景。同時，這個宣言也包含了祖克柏在創新上所堅持的哲學。

在醫療、教育這兩個已知領域，結合網路，就能帶來創新，如同當年將舊式學生通訊錄和網路互相組合成臉書一樣。

祖克柏以數位科技結合許多人認為沒效率的舊式通訊錄，並且進行多次嘗試。現在祖克柏夫婦亟欲以同樣方法解決醫療、教育領域的問題，因此許多人也開始對他們的創新成果越來越關注。也許人們期待的就是祖克柏式的哲學再次引領創新。

我們在日常生活中也一樣，只要有任何發現，能迅速展開行動，這些行動就有可能帶來附加價值。只要迅速展開行動，並且一步一步地多方嘗試就行了。我們不需要把心力全放在想出嶄新的創意，只要每天有多方嘗試的精神，總有一天我們就會捕捉到創新的機會。

第七章｜總結

- **靠自己思考**

  不要滿足於獲得資訊，你從資訊中解讀出什麼訊息，靠自己思考，並展開行動，才是形成差距的關鍵。

- **持續追尋附加價值**

  不要機械性地處理每日的工作。每一件小事都要有意識地提升其附加價值，努力讓自己成長。

- **培養出勝過AI的實力**

  先進又方便的人工智能將會成為我們未來的競爭對手，有時候也要關掉手邊的數位裝置，設定靠自己頭腦思考的時間，從而磨練自己的實力。

- **迅速地多方嘗試**

  不需要汲汲於想出嶄新創意，你只需要將想得到的事物全試過一遍，如此就可以抓到創新的機會。

第八章

客觀檢視自己與社會

自動自發地改變自己

讀書是為了創造成果

與運氣劃清界限

自動自發地改變自己

仔細看著自己，並且改變自己。

麥可．傑克森

Michael Jackson，美國歌手

28

Take a look at yourself, and then make a change.

改變這個世界

在一個陰鬱的梅雨天早晨，我走進客滿的地鐵車廂內。由於我有預感在這一天裡會完全沒有工作的幹勁，因此我將耳機塞進耳朵，想藉由聽音樂來轉換一下心情。

這時播放的歌曲是麥可・傑克森（Michael Jackson）的〈鏡中人〉（Man In the Mirror），是《飆》（*Bad*）專輯中的第四首歌曲，當年是全美音樂排行榜上的冠軍。由於二〇〇九年上映的紀錄片《麥可・傑克森　未來的未來　演唱會電影》（*Michael Jacksom's This is it*）中也有收錄這首曲子，所以我這幾年偶爾也會重新回味這首在我學生時代很流行的歌。

那麼，為何我會覺得那天無法集中精神工作呢？主要是因為剛好那一天早上（二〇一四年六月二十五日），前往巴西參加世界杯足球賽的日本代表隊輸給了哥倫比亞隊，所以在分組中慘遭淘汰。得知這個壞消息後，不禁讓我感到垂頭喪氣。

追究日本隊輸球的原因，當時很多人提出了意見。例如日本隊欠缺在前線搶分的主力球員，沒有能在大場面上發揮一〇〇％實力的心理建設、「個人」在球場上的能力太脆弱、在客場比賽會怯場等等……。雖然我不知道哪一點才是真正的敗因，但日本代表隊在強豪林立的世界杯輸球依然是不爭的事實。

所以那天早上，我真的很想親自教訓日本隊的選手和教練，但打開耳機聆聽麥克的音樂後，有一股能量開始湧入心頭，接著忽然有一個想法讓我打消了責怪日本隊的念頭。「想改變這個世界，就先從改變自己做起」，因為麥可用他的歌聲將這個訊息傳進了我的耳裡。

身為一名商務人士，在自己的工作領域，我真的有能力做好該做的本分嗎？我有強健的心理能在重要關頭站穩腳步嗎？在國際化的商場環境中，我「個人」的能力，能在所有場合發揮出來嗎？離開日本站在世界的另一端，我有實力能突破客場壓力嗎？這些問題一個接一個地從心中跳出來反問我自己。

在陌生環境中保持冷靜

以前我去巴西觀看二〇一六年夏季奧運時，曾和哈佛大學的同窗好友經過當地貧民區。然而那裡嚴重的貧困氛圍卻嚇到我，甚至讓我緊張到腳步邁不出去。簡直就是糊裡糊塗地走到人家的地盤上，感受到一種難以形容的「客場壓迫感」。

如果是為了解決貧窮問題而進入該地，就算面對在日本無法想像的狀況，也必須保持冷靜，拿出一〇〇%的實力。並且在「個人」對「個人」的立場上，和當地的人們打好信賴關係。

雖然用貧民區作為例子有點極端，不過對一個在全球化商場打滾的人來說，可以解決這種狀況的能力，在本質上是相同的。因為在國外溝通時的語言、用餐禮儀、職場環境等，會跟平日早已習慣的母國完全不同。而前往世界各地征戰的運動員也一樣需要這種能力，如此才能在客場上發揮全部的實力。

〈鏡中人〉這首歌曲也是麥可・傑克森所有表演中非常發人省思的名曲之一。

「我要那個鏡中人先從自己做起，要求他改變自己的處世之道。」

"I'm starting with the man in the mirror. I'm asking him to change his ways."

「如果你想讓這個世界變得更好，那就仔細看著自己，並且改變自己。」

"If you wanna make the world a better place, take a look at yourself and then make a change."

批判他人前應該要先做好的事

一聽到麥可．傑克森的音樂，我的身子突然振作了起來。在批評日本代表隊之前，何不想想自己身為商務人士又該做些什麼樣的改變？——我從麥克高亢的歌聲中，收到了這樣的訊息。

後來，我也做了一些調查，發現日本隊輸給哥倫比亞隊的那一天，是六月二十五日，正好也是麥可的忌日。此外，另一個令我訝異的就是〈鏡中人〉這首曲子是在一九八六年時收錄進《飆》專輯當中。因為一九八六年正好也是世界杯足球賽在墨西哥舉行的那一年。那一屆最讓我印象深刻的就是，阿根廷代表隊的馬拉度納選手有很活躍的表現，那時我只是一個很瘋足球的小孩，為了看比賽還會在半夜揉著睡眼看電視。

對當時的日本來說，想擠進世界杯足球賽根本是夢想中的夢想。然而在二、三十年後，日本總算成為每一屆都會出賽的老面孔。日本隊的足球實力的確有明顯的進步，但是在巴西舉行的世界杯足球賽上卻在分組止步。

而在公開場合承諾日本隊將在世界杯奪冠的本田圭佑選手，果不其然受到大眾的批評。即使如此，我還是從本田選手的後續談話中，看出一股強烈的「要先改變自己」的意志。我想現在看到日本隊在世界杯失利的足球少年們，將來也會繼承本田選手的目標，努力實現讓日本隊奪冠的願望吧？

那天的早上，我重複聽了幾次那首歌。腦中想了一下後，感覺這首歌和我有一種很不可思議的緣分。每當我聽到那首歌的後段時：

「就從改變那個鏡中人做起。沒錯，那個鏡中人就是我自己。率先改變自己才是最重要的事。」

只要聽到這個最高潮的段落，我全身就開始湧出一股能量。

讀書是為了創造成果

書讀太多
而少用腦的人，
通常會怠惰於思考。

阿爾伯特．愛因斯坦
Albert Einstein，20世紀著名物理學家

Anyone who reads too much and uses his own brain too little falls into lazy habits of thinking.

29

真正的知性和創造力

我想很多人喜歡逛書店，也會利用空檔時間看書。當然，我也是習慣這麼做的人。不過在這一節中，我要介紹一句容易挑起愛書人士敏感神經的話。

……雖說如此，但要是大家知道說這句話的人是誰，也許會嚇一大跳吧？畢竟這句話簡直就是在否定閱讀書本以及從他人著作中學習知識的行為，難不成這個人聰明到可以認為讀書是無謂的行為嗎？又或者他其實是一個欠缺上進心和求知欲的人？

當然不是這樣。說出這句話的人正是阿爾伯特・愛因斯坦（Albert Einstein），他不僅是人類史上最偉大的物理學家之一，同時也是具有高度知性的科學家。出生在德國的愛因斯坦是一名猶太人，年輕時就開始提倡狹義相對論、廣義相對論、光量子假說等劃時代的理論，在一九二一年時，獲得諾貝爾物理學獎。

愛因斯坦的各種研究成果，顛覆了當時所有物理學的常識，打破許多固定的概念。這樣的人真的認為讀書是一件不值得的行為嗎？

其實，愛因斯坦在別的場合曾說過：「不停質疑才是最重要。」換句話說，他認為養成時常質疑常識才是最重要的觀念。另外他還曾說過：

「真正的知性不是知識，而是創造力。」

一個人即使擁有再多知識，思考還是會被習以為常的知識給套牢，如果無法發揮創新的力量，就不配稱為知性的人。這就是愛因斯坦對於創造力的基本想法。

閱讀書籍的行為有「吸收知識」的意義，但是愛因斯坦認為只會進行這種單方面輸入資訊的行為，對獲得革命性的大發現沒有幫助，因此才會呼籲大家不要只會死讀書。

一邊喝茶一邊議論也能有新發現

在前文所介紹的話當中，也帶有「多用自己的腦袋」的意味，我們再探討一下這個含意在創造力方面又有何解釋。愛因斯坦也曾說過下面這段話，來表達他對思考和創造力的看法。

「邏輯思考可以引導你從A走向B。而創造力可以讓你前往任何地方。」

邏輯思考在程序上會以「有A就有B」、「有B接著就會是C」、「有C接著就會是D」，以這樣「連續性」引導出結論。因此從A跳躍到E這種「非連續性」的大膽結論，很難從邏輯思考中產生。所以愛因斯坦認為若要有顛覆常識的嶄新發現，光靠邏輯思考是不夠的，必須充分運用創造力。

不過，這不代表愛因斯坦輕視知識和邏輯思考。在這裡，我想先問大家一個問題。當你聽到愛因斯坦這個名字時，腦中會浮現什麼樣的印象呢？如果是我個人，會先想到那張愛因斯坦站在放著很多書的書架前的照片。雖然這個印象對一位頂級學者來說不怎麼令人吃驚，不過光是那張照片多少能透露出愛因斯坦是一個很愛讀書的人。另外，由於愛因斯坦從小就展現出高超的數學能力，所以這也代表他擅長邏輯思考。

因為有知識和邏輯思考作為基礎，所以愛因斯坦才能發揮奔放的創造力。愛因斯坦十五歲時，在學校後山，午睡時作了一個夢。夢中，愛因斯坦置身在光裡，不但用光速移動，而且還不停地追補著其他光線。據說，就是這個夢讓愛因斯坦開始研究起相對論。還有一次，愛因斯坦從公車中看著車窗外的鐘樓時，覺得時鐘上的指針就像是沒有在移動一樣，而這個體驗也讓他產生靈感，於是他立刻展開新的實驗計畫。

愛因斯坦任職大學之前，曾在瑞士的專利申請局擔任審核員。有一天，他一直無法專心進行研究，在面對同事的關心時，愛因斯坦說：「就算一邊喝茶一邊議論，我還是有辦法找到新發現。」或許愛因斯坦為了刺激自己的創造力，平時會全天候啟動自己的感性雷達吧？

成立誰都想不到的假說

此外，愛因斯坦第一時間得知自己獲得諾貝爾獎的消息時，他正好搭上前往日本的輪船。不過到了日本後，愛因斯坦從滿滿的演講行程中抽出時間前往京都。他一到達京都的知恩院後，立刻走到大鐘前進行關於聲波的實驗。即使是出外旅行，只要創造力讓愛因斯坦的腦中閃過一個假說的可能性，他就會立刻進行實證，這也許是因為他擁有強烈的科學家精神吧？

我們在平時也可以效仿愛因斯坦的精神，讓大腦交互運作「知識」、「邏輯思考」和「創造力」。透過各種事物的刺激你能讓大腦中的創造力發揮作用，說不定你也能成立一個誰都無法想像到的假說。然後再結合知識和邏輯思考，假說就有機會得到確切的實證。

雖然這種程序看似簡單，但其實算得上是最卓越的「假說思考」。用在商業場合，也有可能成為傑出商業架構或商業模式的來源。

讀書的行為終究只能算是對大腦輸入資訊，現在請將你的最終目的放在從大腦輸出資訊，創造成果。

與運氣劃清界線

成功也需要一個不可或缺的要素，那就是運氣。還要是絕對且全面的運氣。

梅琳達．蓋茲

Melinda Gates，比爾與梅琳達．蓋茲基金會共同創辦人

There is another essential ingredient of success,
and that ingredient is luck — absolute and total luck.

30

「幸運」不是「努力」的結果

我們的生活，常常被「運氣」左右。在這裡我要探討「運氣」對於成功的重要性。

發言者是梅琳達．蓋茲（Melinda Gates），是世界首富比爾．蓋茲的妻子，同時也是三個孩子的母親。她是比爾與梅琳達．蓋茲基金會的共同創辦人，是一位領導一千名會員的女性領導人。

這句話是在二〇一四年史丹佛大學畢業典禮上，蓋茲夫婦一同登台演講時，由梅琳達．蓋茲親口說的話。和丈夫比爾．蓋茲有著高亢聲調不同，梅琳達說話時的特徵就是會讓人感受到她的自信。

當時梅琳達對即將出社會的畢業生，列舉出自己的丈夫獲得成功的三個要點：「繁重的工作」、「承擔風險」和「戰勝犧牲」。在最後，她還補上第四個的要點——「運氣」。

我深深地被梅琳達所說的這句話吸引。當我們在談論成功的要素時，通常會說：「幸運是當事人經年累月所爭取到的成果。」很少人會將「運氣」這個要素另外抽出來，認為與「努力」無關。

但是，從梅琳達的主張來看，她並不認為丈夫的幸運是靠努力爭取到的結果。換句話說，梅琳達明確地將「幸運」和「努力」區分開來，作為獨立要素。

比爾・蓋茲是現代商界中最大的成功者之一，同時也是這個世界上建立起最大財富的人物。而比爾・蓋茲的後半生一直被最接近他的妻子看在眼裡，因此若要分析比爾・蓋茲的成功要素，梅琳達確實是最有說服力的人。

壓抑來自他人的嫉妒

她在杜克大學取得工商管理碩士學位後，不但進入微軟公司，而且也負責多項媒體事業的經營。後來升上主管的職位後，大約在一九九四年時和大自己十歲以上的微軟執行長比爾・蓋茲結婚。

大約又過了兩年，梅琳達辭掉在微軟公司裡的工作，並且成立「比爾與梅琳達・蓋茲基金會」。梅琳達擁有商業方面的經驗和實績，因此後來以事業有成的女性領導人身分，率領全球最大規模的慈善團體。

在私生活方面，梅琳達不穿華服，重視在自家當地自然環境中生活的時光。她時常用心地盡可能提供孩子一個普通的生長環境，所以大家認為她是個生活平衡的人。

若用日本人老一輩的說法，梅琳達能釣到世界首富比爾．蓋茲這個金龜婿，根本就是一個非常「幸運」的女性。但要是反過來檢視引導丈夫進行慈善活動的梅琳達，卻也是一位造就出比爾．蓋茲這個大慈善家的好太太。與其說梅琳達是釣到金龜婿，不如說比爾．蓋茲娶到一名賢內助。

梅琳達在史丹佛大學的畢業典禮上，呼籲每個畢業生必須直視人生時常被運氣左右的事實。出生在富裕環境並因此獲得「幸運」的人，不但要意識到自己的運氣很好，而且也要對貧困或因病所苦的人們的「不幸」有同理心。如此才會產生強烈的動機對弱勢族群伸出援手。

如果你無法掌握幸運，如果活在不幸環境中的人是你——梅琳達希望大眾要將貧困問題當成自己必須解決的課題。

梅琳達的口中明快地說出「運氣左右了人生」時，不禁讓我覺得梅琳達比其他人還要更加正視這個事實，而這可能就是讓她變得堅強的原因。由於梅琳達很「幸運」地能跟比爾．蓋茲結婚，所以梅琳達得到了可以經營財團的機會。而且因為比爾．蓋茲而賺取的豐富資金，也很「幸運」地能替財團提供各種運用上的選擇。

或許這樣會有很多人批評梅琳達是個「靠丈夫的錢到處亂花的妻子」，並且受到大家的嫉妒吧？

但是，梅琳達並不因此而退縮，而是將掌握住的幸運，盡可能用來改善社會。我認為在梅琳達的想法中，有一股強烈的意志希望自己能「正面看待所獲得的幸運」。而且梅琳達將人生中的「幸運」和自己「努力」的成果區隔開來，而這麼做多少也能抑制來自他人的嫉妒。梅琳達不但勇於正視自己輕易得來的幸運，並且轉為積極正向的人生態度，我想這也是她能擁有如此自信的原因吧？

冷靜檢討失敗的原因

在生活中，我們最好將「運氣」跟其他的成功因素劃清界線，如此才能讓我們的工作有良好的循環。

例如當你有些事情可以順利完成時，若是把「堅持」、「勇氣」與「運氣」所得出的結果，全部概括為「努力」得來的成果，你在心境上又會有什麼變化呢？通常這麼做之後，你會逐漸對自己的實力做出過於正面的評價，而驕傲的態度將成為阻擾自己進行下一個挑戰的枷鎖。所以在檢討成功的因素時，必須要把「努力」的成功因素和「幸運」的成功因素分開，如此就能得到踏實的自信。

相反地，當你挑戰某些事物時，結果事與願違時，也要冷靜分析失敗的原因有多少是和「不幸」有關。不要將失敗的原因全歸咎在「自己不夠努力」，這麼做只會讓你過度喪失自信。

當你可以冷靜地探討失敗的原因後，你會發現很多時候其實是因為「運氣」不佳。這時候只要承認「這次真的很不走運」，就可以避免陷入自責的情緒，讓自己保持繼續挑戰的動力。

第八章｜總結

● 自動自發地改變自己

在自己所屬的組織裡，若發現有不足之處，代表自己還有很多地方需要改進，此時最好自動自發地改變自己。

● 讀書是為了創造成果

不要為讀書而讀書。讀書後請好好思考，並付諸行動，試著創造新的事物。除了輸入資訊到腦中，也要有進行輸出的動作。

● 與運氣劃清界線

人生和運氣脫不了關係，但不管結果是成功還是失敗，都要和運氣的因素劃清界線，再來檢討原因，如此才能用平常心看待任何事。

第九章

尋找更好的立身之處

擁有志同道合的好夥伴

瞄準好機會

每天做好準備

擁有志同道合的好夥伴

31

和能激勵你的人在一起，同才華、努力一樣重要。

Surrounding yourself with inspiring people is now just as important as being talented or working hard.

安德魯・休斯頓

Andrew Houston，Dropbox 共同創辦人兼執行長

重要的是在對的地方發揮能力

在二〇一六年三月的時間點，「Dropbox」（多寶箱）成為擁有超過五億用戶的線上儲存服務平台。本節節錄的話是由共同創辦人兼執行長的安德魯·休斯頓（Andrew Houston）所說。休斯頓在ＭＩＴ（麻省理工學院）畢業後，和自己的同窗好友一起成立Dropbox。

休斯頓在二〇一三年時回到母校演講，熱切地和自己的學弟妹談起自己的創業過程，而這句話就是當時演講中的一小段內容。

當時休斯頓說自己在創立Dropbox前，先是在就讀ＭＩＴ時初次挑戰創業。雖然他試著一邊維持學生生活，一邊展開事業，但是他創業的熱情無法維持下去，而且也開始質疑這麼做無法讓自己得到成長。

那段時期，他常常一起喝酒的大學朋友亞當成立公司，在短時間內就超越自己，獲得大幅度的成長。看到朋友的成功，讓休斯頓大受打擊。

但這也讓休斯頓決定重新振作。亞當因為有知名投資客的出資，得以在矽谷一展長才，所以休斯頓決定讓自己的事業重新歸零，另起爐灶創立Dropbox公司。在真心恭喜朋友出人頭地的同時，休斯頓也將「嫉妒的心情」轉換為強大的動能，成功地在事業上換檔衝刺。

休斯頓身邊圍繞著許多像亞當這樣的優秀人才，因此才能勉勵自己的事業再起，對此他認為：

「讓自己處於對的地方非常重要。不管是ＭＩＴ，還是好萊塢或矽谷，這些地方全世界只有一個，是會聚集了全世界精英的地方。」

休斯頓形容我們自己身處的場所為「圈子」，他並且表示：「待在能刺激自己進步的圈子裡，才能使自己成長。」

在現實社會中留下深刻的衝擊

接著我們再看一下休斯頓在ＭＩＴ的演講，他在演講中對自己的學弟妹說了以下兩段不同的話：

「今天對你們來說是很棒的日子。因為你們終於要踏進不需要爭取高分的人生了。」

「據說人類的一生平均會度過三萬天，我在二十四歲時發現自己浪費掉九千天後，當下感到非常地錯愕。」

從第一句話當中，我們能發現休斯頓曾經也是將心思放在考試得高分的學生，但是看了第二句話後，就可以知道休斯頓不只是單純的會考試而已。他不是那種只為考高分而讀書的學生，而是強烈地散發出「想在現實社會給大家留下深刻印象」、「想趕快在社會上大展身手」的年輕人。

事實上，休斯頓從小就熟悉程式設計，也夢想可以自行創業。其實，休斯頓在MIT時期就開始創業，可以看出他立志成為實業家的強烈想法。

即使如此，休斯頓從進入大學就讀到畢業為止的期間，他依然沒有隨便應付學校考試。我認為其理由就是為了「進入能進步的圈子」，不管休斯頓是否有意這麼做，但對他而言這的確很有價值。

學校考試的分數和在現實社會中的成就並沒有關係。儘管休斯頓迫不及待地想要創立一個劃時代的新興企業，但他還是會努力在MIT完成身為學生的本分，應該不只是為了學習知識或取得學位。

身處在許多精英構成的圈子中，這樣的環境不但有各種能夠刺激自己成長的要素，而且還能在內部構築出多方面的人際關係。休斯頓在演講中也勉勵自己的學弟妹要善用MIT這個圈子，並且在現實社會中創造成果。

走進「更上一階的圈子」中

休斯頓夢想自己可以成就一番大事業的同時，也沒有放棄自己的學業。而這樣的生活方式，也讓我們得出了「抱持著中長期的目標，同時在每天的生活中為目標全力以赴，不斷累積微小成果」的重要寓意。很多時候，我們對中長期的目標躍躍欲試，卻對短期日常事務感到厭倦。

其實，想要提高自己對日常休斯頓所說的「圈子」，那麼就算只是小事，也要全力以赴完成，這時要想像著「更上一階的圈子」，而努力。

假如公司裡有升遷的測驗，你一定會開始努力讓自己得到高分吧？要是只差了一分，你就無法進入公司更上一階的圈子中。又或是你業績離目標只差一萬日圓，也會讓自己失去進入圈子的機會。

這個世界上有些標準無法用數字表現出來。有人因為交出一份高品質的企劃書，讓主管對他更加期待，也有人就差那麼一點，而失去進入圈子的機會。所以說，一些必須進行的工作雖然看起來很無趣，但是否全力以赴，最後的結果可能完全不同。不管做什麼，最重要的還是意識到，要努力讓自己進入精英的群聚之處，也就是「更上一階的圈子」。

瞄準好機會

隨時準備好即興演出。

32

德魯．吉爾平．福斯特

Drew Gilpin Faust，哈佛大學第二十八任校長

Be ready to improvise.

拒絕「史上第一位女性哈佛校長」的標籤

這一節將要介紹凱瑟琳・德魯・吉爾平・福斯特（Catharine Drew Gilpin Faust）所說過的話。她是哈佛大學第一位女性校長。

哈佛大學創立於一六三六年，在創立的三百七十一年後，也就是二〇〇七年時，福斯特正式就任哈佛大學校長。她除了是「首位」女性校長，同時也是首位其他大學出身的哈佛校長。

福斯特生於一九四七年，她立志上大學念書，而在一九六〇年代，當時的哈佛大學並未開放讓女性就讀。福斯特前往其他大學就讀，並且以優秀的成績畢業。後來常春藤盟校的各大學開始招收女學生，於是福斯特開始在賓夕法尼亞大學的研究所進修，進而取得博士學位。簡而言之，福斯特是在社會開始接受女性也能踏出家門的「變化」中，度過她二十歲的青春年華。

她回憶自己的求學歲月時，曾說出以下這段話：

「成為哈佛大學的校長並不在我的職業生涯規劃當中。因為要是我在八歲、十歲、二十歲時說我的志願是當大學校長，恐怕身邊的人都會說我腦袋不正常。」

福斯特在面對許多人的質疑時，她說：「我不是哈佛大學的女校長，而是哈佛大學校長。」拒絕「史上第一位女性」的說法。

福斯特就任哈佛大學校長，背後還有某個「事件」。二〇〇五年時，由於當時的哈佛大學校長，同時也是知名經濟學家勞倫斯・薩默斯（Lawrence Summers），說出歧視女性的言論，遭到了退任的懲處。哈佛大學因為這個事件鬧出不小風波，福斯特接任代理校長的一年半後，她便受到哈佛大學行政部門的聘請，於二〇〇七年二月正式成為哈佛大學校長。

「即興」與「計畫」

回顧福斯特的過去，我們可以從她就任校長的背景中看出兩個「變化」。第一是女性開始得以參與社會活動的「時代潮流」，第二是前任校長鬧出醜聞帶來的「突發狀況」。

探討前者的狀況，是中期、緩慢的變化，可以說是必然會出現的社會轉換浪潮，是可以預見的變化。後者則是無法預料的名人失言風波，因此和前者恰好相反，是無法預測的事件。

那麼我們再次檢視一下本節所介紹的話中「即興」的意義，比起歷史學者，這句話就像是音樂家才會說的話。究竟「即興」這個詞對福斯特來說有什麼特別的意義呢？其實，福斯特的那句話之後，還有以下這句話：

「如果要讓我對年輕人的職涯規劃提供建議，那就是『隨時準備好即興演出』。」

我對福斯特說的這句話非常感興趣。因為「規劃」（plan）和「即興演出」（improvise）這兩個相反的詞同時出現在這句話裡。「即興」就代表不可能事前「規劃」。福斯特在自己的建議中同時使用這兩個詞，她想要傳達的訊息就是：

「在我們的職業生涯中，工作機會隨時可能以不同形式造訪我們。所以要是接到無法預料的工作機會，我們就要像進行音樂的即興演奏般，隨時用柔軟、有彈性的態度做好準備。」

在好機會出現時下正確的決定

福斯特會有這種想法，很有可能是從自身經驗而來。原本立志成為學者的她在二十多歲時，可能不曾想像自己有機會成為哈佛大學的校長，然而在四十年後這個機會卻突然出現在她的面前。會讓福斯特決定接受校長職位的原因，大概就是「計畫」和「即興」這兩個要素。

女性領導者將會越來越多，這是時代潮流，是可預測的。也許福斯特在以前就預見這個潮流的到來，也準備好讓自己成為強大團體中的領導者，並且將這個準備加進自己的職業「規劃」中。然後在毫無預警的情況下，因為前任校長爆發失言醜聞，讓機會突然到來。

而在機不可失的情況下，福斯特接受聘請，成為哈佛大學校長。這個前所未有的升遷機會，因為福斯特擁有「即興」演出的勇氣，進而改變哈佛大學三百七十一年來未曾更動過的歷史。

現在我們將這個案例設想到商務人士平時的工作中吧。有一天你的主管突然因為人事異動，而無法領導原本的團隊，必須由你來帶領。你若是團隊中的老手，可能可以在事前預測到自己將有機會站上領導者的位置。而臨時的人事異動就是突發狀況，讓機會來到你面前。此時，如果你想要好好抓住這個機會，除了事前準備好的「規劃」之外，「即興」能力也是你不可或缺的。

除此之外，我們也可能遇到被挖角而有升官的機會，若你是行銷人員也可能會突然有機會領導大案子。畢竟誰都無法預測什麼時候需要進行「即興」演出。

一個成功的「即興」演出，在背後絕對有妥善的「規劃」。我建議大家將這個法則銘記在心，在我們的職業生涯中，必須同時擁有中長期和短期的眼光。

每天做好準備

為了命中注定的緣分，要盡全力地變可愛。

可可・香奈兒

Coco Chanel / Gabrielle Chanel，法國服裝設計師

33

It's best to be as pretty as possible for destiny.

今天也許是命中注定的日子

很多人也許都希望自己每天的工作品質能夠更進一步，而本節要介紹的例子正好能幫大家實現這個願望，充實自己的每一天。

說這句話的是代表二十世紀服裝設計師的名人嘉柏麗・香奈兒（Coco Chanel／Gabrielle Chanel，通稱可可・香奈兒）。香奈兒是用自己的名字創造獨家時尚品牌的偉大女性創業家。

其實這句話還有前半段，那就是「說不定這天你將會遇到命中注定的那個人」。換句話說，香奈兒想表達的是「隨時準備好自己最美的樣子，面對無法預測的相遇」。這相當符合她一生對女性的「美」的追求。

回顧香奈兒的一生後，我發現這句話不只對女性，其實對男性也一樣很有大的啟發。另外，這句話不只能用於追求「美」，對很多人來說，也可以成為每天生活處世的指標。

一八八三年，可可・香奈兒在法國鄉間的一戶窮人家中出生。她的母親在她即將滿十二歲時生病過世，父親則在日後拋棄了香奈兒。後來，香奈兒有數年的時間是在孤兒院中長大。香奈兒渴望愛情、夢想外界自由的同時，也相信「自己在經濟上能夠獨立時，就是重獲自由的日子」，從此便以這樣的想法激勵自己。這也就是為何香奈兒在今日會被世人稱為「女性工作者的先驅」。

現在我們再來檢視一下香奈兒所說的那句名言吧。首先是「變可愛」這個詞，其中到底包含了什麼意義呢？香奈兒在其他場合下也曾說過：

「就算換上新衣服，也無法讓你輕易變得優雅。」

從這句話看來，香奈兒並不只是注重外表，而且也強調內在所散發出的魅力有多麼重要。晚年的香奈兒本身也是「風韻猶存」這句話的體現。從這句話我們可以感受到，比起年輕貌美和時尚穿著，香奈兒認為人品所散發出的魅力更重要。

和夥伴、時代潮流來一場命中注定的邂逅

現在請將焦點放在「命中注定」這個詞上。香奈兒十八歲時離開孤兒院後，和許多有魅力的男性展開「命中注定」的邂逅，直到八十七歲時結束她那多采多姿的人生。對香奈兒來說，那些在自己人生中所邂逅的男性們，不但是戀愛對象，同時也是工作上的重要夥伴。

例如提供香奈兒創業資金的巴黎實業家、帶香奈兒接觸社交界並且幫忙介紹顧客的俄羅斯貴族、建議在女性服飾加上紳士服機能性的英國公爵等等……。如果沒有他們，香奈兒就無法以設計師的身分在世界的舞台上取得成功。

此外，香奈兒在追求全新女性服飾的時代潮流中，也一樣持續地展開「命中注定」的邂逅。在香奈兒位於巴黎的帽子店開張四年後，由於第一次世界大戰爆發，幾乎全國所有的男性都趕赴戰場報效國家，留在國內的女性們在這個非常時期中，開始變得喜愛主打機能性的服裝。最值得一提的是「佳績布料」（jersey，針織面料），這個香奈兒服飾的代名詞就是在這段時期中開始流行。

第一次世界大戰結束後，香奈兒在巴黎和許多藝術家進行交流。尤其在被稱作法國藝術黃金期的一九二〇年代裡，畫家、作家、音樂家、攝影師都聚集在巴黎，香奈兒也積極地支援他們。也因為這段時期的經歷，香奈兒的藝術品味和聲望都大大提升，此時香奈兒的大名就等同於「美麗」的代名詞，到達了無可撼動的地位。

在第二次世界大戰結束的九年後，七十一歲的香奈兒再度站在時尚界的最前線。之後美國的女權意識逐漸抬頭，女性得以走進社會，而香奈兒身為女性自由、獨立的代表，在美國受到廣大的愛戴，甚至是全世界女性的憧憬。

香奈兒的人生不是典型的美國夢，而是法國夢。她不僅生長在貧窮的環境下，也在時代的洪流中遇到各種難關，但是她接納這些遭遇，進而讓自己站在世界的頂端。

打磨一項特點，讓自己散發魅力

不過，我希望大家不要誤會，香奈兒各種「命中注定的邂逅」並非偶然。香奈兒之所以成功是因為她堅持「隨時打理好個人魅力，吸引周遭人們」，並掌握住這些機會。而她一生的成就也正是堅持實踐「為了命中注定的緣分，要盡全力地變可愛」而得出的結果。

當然，香奈兒的哲學也能用在我們日常生活中。「要盡全力地變可愛」這個觀念，用在我們身上，就是要隨時「散發出個人魅力」。雖說如此，我們其實也不用從一開始就拚命地展現魅力，我們只需要包裝好自己的特點就行了。

如果你是行銷人員，在推銷自家公司產品的優點時，不妨多花點心思，打動客戶的內心。如果你是產品研發人員，就要徹底用消費者的眼光，思考如何讓產品變得更好用，試著做一些改良。如果你是管理階層的主管，要提升團隊的工作動機，改善職場環境。雖然這些都只是微不足道的小改善，卻能持續累積成果。

在工作上你也可以善用個人魅力來進行自我管理，如此一來說不定你也有機會遇到命中注定的邂逅。

第九章｜總結

● 找到志同道合的好夥伴

身處在可以刺激自己進步的朋友圈中，讓自己獲得成長。眼前乍看之下你覺得沒有意義的瑣碎事務，都是為了讓自己更上一層樓的考驗，不能敷衍了事。

● 瞄準好機會

隨時做好心理準備，因為機會隨時都有可能到來。每天都要計畫好如何在適當的時機展現實力。

● 每天做好準備

不管在工作上或人際關係中，你都要把今天當成和命中注定的人相遇的日子。請努力讓自己維持充滿魅力的狀態。

第十章

鼓起勇氣 改變自己

一切先從破壞中開始

假戲真做

身先士卒

34

一切先從破壞中開始

創造性破壞

約瑟夫·熊彼得

Joseph Schumpeter，奧地利經濟學家

Creative Destruction

「創造」和「破壞」何者為主？

在這裡，我們要介紹的是看起來很嚴肅的詞彙。不過，當你理解其中的意義後，就會知道這個詞對我們的工作有很大的幫助，同時你也會瞭解其中含有非常重要的寓意。

其實，「創造性破壞」在經濟和經營的學術領域中是很常見的詞，這是二十世紀最具代表性的經濟學家約瑟夫．熊彼得（Joseph Schumpeter）所提倡的觀念。熊彼得主張經濟的發展要從內部的「破壞」和「創造」力量引起。從內部破壞舊體制並創造新體制的過程，就是「創造性破壞」的表現，他認為這個過程正是資本主義的發展源頭。

後來，熊彼得的這種思想由號稱「管理學之父」的彼得．杜拉克等許多經營學學者繼承。在現代，我們會將「創造性破壞」視為企業革新的泉源。

許多人第一次看到「創造」和「破壞」這兩個詞組合在一起時，應該都會覺得有些不合理。因為大家看到這個由「創造」和「破壞」組合起來的複合詞時，會搞不清楚到底該以哪個意思為主。

首先，我們先從以「破壞」為主的觀點來進行解讀吧。由於「創造性」的詞性，我們可以得知是用來修飾「破壞」一詞，所以會讓人產生「創造」是附屬於「破壞」的感覺。

但是，在發展的過程中，「創造」是不可或缺的，熊彼得也認為「創造」比「破壞」更重要。那麼，為什麼熊彼得不使用「破壞性創造」，而以「創造性破壞」來詮釋自己的概念呢？

也許「創造性破壞」代表著「先行的『破壞』活動，會帶來『創造』的結果」。換言之，熊彼得的那句話可以解釋為「『創造』之前必定要先進行『破壞』」。如果沒有適度「破壞」低效率的陳舊事物，就沒有餘地可以「創造」新的事物。

產生動機的因素

其實這種表現也反映出動機的成因。因為眼前低效率的事物會阻礙我們創造新事物。但很多人只喜歡「創造」，卻不喜歡「破壞」。所以我們在進行變革時，通常會變得姑且行事，只肯進行少許「創造」，再慢慢地「破壞」。但矛盾的是，沒有「破壞」，我們就會陷入欠缺「創造」動力的窘境。

從現實的許多案例看來，我們破壞舊有的事物之後，創造某些新事物的必要性就會跟著提高，同時開始刺激我們去實踐「創造」。而這也意味著想引導出有意義的「創造」，必須經過「破壞」的過程。

不只是企業如此，我們個人的職涯也是一樣。在為下一個目標而努力的同時，沒有短期的「破壞」，就會難以達成目標，也就是所謂的「創造」。當然，我們都知道長期不停地累積努力很重要，但在這之前，你還是必須否定一部分的自我，換言之，「破壞」是必經的過程。而在實現個人的成長方面，有時也不得不考量「創造性破壞」的步驟。

舉個例子來說，我職涯上的一個轉折，是從投資銀行離職，自費前往哈佛商學院留學。我從大學畢業，就進入投資銀行，公司裡有許多優秀的前輩、主管，他們全是我遠遠比不上的厲害角色。就算我全心投入工作，也無法有好成果，所以我在加班的空檔和週末時，都在學習工作上的事。

我在進公司前就有留學的打算，為了留學我也得花時間準備。工作上要學的東西已經很多，如果還要花時間準備留學，那就像是在對自己的職涯進行「破壞」的過程。但當時的我非常想去留學，即使要破壞職涯也在所不惜。

另一方面，那時候為自己所做的投資，無法直接用在工作上，所以也意識到「我在公司內的發展肯定會很不樂觀」的危機感。但是這種破釜沉舟的危機感也強化了「我一定要留學」的決心，所以也更認真地準備留學。那個時期簡直就是我由「破壞」引導出「創造」動機的時期。

讓自己確實成長

如果你是想讓自己的職涯有所成長，其實也不用將至今為止所有的成果全都破壞掉。不過，如果你沒有主動破壞一部分，最後也必定無法為自己創造出全新的武器。

好比說很多人身為業務員，通常都會認為應酬很重要而連日招待客戶。但即使如此，你也應該每個星期空出一個晚上好好睡覺，隔天早點起床，去嘗試新事物，如此才能幫助自己成長。或是每個星期固定將一天的加班時間縮短，讓自己提早下班和公司以外的人交流資訊。總之，你可以在自己的生活節奏中做出「創造性破壞」。

想在晚上和早上多做點什麼，就必須提升白天時段的工作效率。請先重新審視自己在一週內的時間運用狀況，從中找出可以成為「創造」契機的「破壞」事項，接著就能展開新的挑戰。

假戲真做

盡力假裝，使其成真。

35

艾美．柯蒂

Amy Cuddy，美國社會心理學家、哈佛商學院副教授

Fake it till you become it.

努力不輸給「假裝」的自己

二〇一二年時，艾美・柯蒂（Amy Cuddy）在蘇格蘭舉辦的「TED大會」中一躍成為世界知名的心理學家。那場標題為「姿勢決定你是誰」的演說影片上傳到網路後，在二〇一六年時全球點閱率已經累計三千萬次，由艾美・柯蒂主講的這場演說也成了TED大會當紅的影片。

在聽到艾美・柯蒂「盡力假裝」的主張時，也許你會覺得哪裡怪怪的。不過，當你將那場演講從頭聽到尾後，你就能明白這句話由柯蒂說出真的很有說服力。

在柯蒂的研究中，我們可以發現每一個人的身體語言，不只可以對他人傳遞出訊息，而且也會影響自身的內在心理。

柯蒂認為每個人要將身體和緩張開的動作，意識為「有力的姿勢」。這樣不但可以讓身體中的內分泌產生變化，也能幫內在心理變得更有自信，進而對外表達出強而有力的自我。另外，柯蒂也建議每個人在進行重要的面試和商談前，可以先到化妝室的隔間裡，花兩分鐘的時間擺出「有力的姿勢」。

在二十分鐘的演說中，最精彩的莫過於柯蒂介紹自己的人生故事。

柯蒂就讀大學時，因為車禍的關係大腦受到嚴重的損傷。不但讓她的智商大幅下降，也讓她比其他同學晚四年才從大學畢業。當柯蒂得到前往普林斯頓研究所就讀的機會時，指導教授鼓勵柯蒂不要輕易放棄學業，要堅持到畢業為止。

柯蒂在演講中分享自己的經歷，告訴大家自己從出車禍以來，就失去自信，所以研究所上課的第一天也面臨非常大的心理壓力。她不斷懷疑「自己不適合在這裡」，不安和躊躇完全占據了她的心思。此時，她的指導教授對她說了本節介紹的那一句話，讓柯蒂在整個學期中一直盡力「假裝」自己跟得上學業。而她也如「假裝」般地努力，持續這麼做之後，原本「假裝」出來的模樣已經在不知不覺間化為真正的實力。

將假裝提升到真正實力的境界

柯蒂是在接下哈佛大學的教職後，才注意到自己所「假裝」的一切已經成為貨真價實的實力。有一天，一位因不擅長在課堂上發言而面臨留級危機的哈佛商學院學生，向柯蒂商量課業上的煩惱。結果，她從約談中發現這位學生，也認為「自己不適合在這裡」。在發現學生的煩惱和從前的自己一樣時，柯蒂也用當年教授勉勵自己的話來勉勵那位學生。後來，那位學生也因為那句話，不斷努力「假裝」自己很有實力，最後順利地從哈佛商學院畢業了。

聽了柯蒂的故事後，我從裡面發現到兩個讓這場演講變得很有說服力的觀點。

首先是這場演說忠實顯現出柯蒂自身體驗過的心理障礙，而那也是讓柯蒂立志成為社會心理學家的原點。其次是其實柯蒂並不只是單純主張要「假裝自己有實力」，而是建議大家努力打造出一個「不要輸給假裝的自己」的機制。

如果是單純的「假裝」，那從頭到尾就只是自欺欺人而已。但是，將「假裝」作為鞭策自己的開關，就能透過努力讓人生產生良性循環，在這過程中引導出自身實力。或許這也是柯蒂以社會心理學家的身分不斷研究後所獲得的成果吧？而柯蒂的演講之所以能引起許多聽眾的共鳴，也是因為大家都有過「自己沒資格待在目前這個職位上」的經驗，而對柯蒂的研究結果產生出投射效果。

花五倍的心力準備英語會議

其實，我也能想像那位煩惱留級問題的學生在尋求柯蒂協助時的心情。

因為在哈佛商學院中，學生在課堂上的發言就占了學期總成績的一半。而學期末的筆試測驗，每個學生只要有好好準備考試，就不會有太差的分數。此外，一個班級有九十名學生，上課時是在階梯型教室，所有學生都會一起對著教授舉手要求發言。

所以在這種學習環境下，得來不易的發言機會就會成為學生的課業壓力來源。如果學生失去了舉手請求發言的自信，就會陷入惡性循環，連精神上也會開始面臨煎熬。

我每次上課時，都會對哈佛商學院的這種學習方式感到沉重的壓力。對我這個不擅長英語的留學生來說，必勝招式就是在研討會開始熱絡前，盡全力發表簡短的意見，整個學期我就靠這招認真地表現自己。壓抑自己的不安，鼓起勇氣舉手發言。因為我知道必須這麼做，才能讓教授給我發言的機會。總之，不管如何都要先強迫自己「假裝」。因為要「假裝」的關係，所以一定也會專心預習，事先做好發言的準備。在哈佛商學院的日子裡，我不斷用這種方法鞭策自己，在漸漸獲得自信的同時，也在不知不覺間發現自己有實力能在哈佛商學院裡跟其他精英一起念書。換句話說，柯蒂在演講中建議給大家的方法，也曾是我過往求學中的經驗。

而我從這樣的經驗中，也瞭解到日本人若要在商場中用英語對話時，事前一定要做好萬全的準備。例如許多被外界認為「很會說英語」的商務人士，他們絕對不是因為平時就能說出流利的英語，也不是因為對自己的英語程度有自信，才敢大聲說話。而是在需要使用英語的會議、演講前，會用上比平時還要長三倍到五倍的時間做準備。

他們為了回應周遭人們對他們抱有「很會說英語」的期待，所以會硬著頭皮繼續「假裝」下去。而為了能讓這個「假裝」變得更到位，他們每次會在會議前默默做好準備，然後到現場實踐，不斷累積這樣的經驗也會讓他們持續獲得成長。

所以當你在面對重要場合並備感壓力時，不妨也擺出「有力的姿勢」，為幫自己打開自信的開關。就像踩腳踏車一樣，等到習慣前進的節奏後，就會漸漸發現自己對保持絕佳狀況，已經變得駕輕就熟。在柯蒂的那場演說中，我得到了如此結論。

身先士卒

捨我其誰？

36

艾瑪・華森

Emma Watson，英國女演員

If not me, who?

在緊張發抖下開場

在本節當中，我們要來介紹一句咒語。當我們需要在重要場合發揮領導力時，這句咒語可以帶給我們的力量。說到「領導力」，大家都會覺得這是在形容一個人「能對外表達出強烈主張的領袖型人物」，而且還是少數人才擁有的特殊個性。不過，領導力實際上不能用如此單純的定義進行分類。

畢竟在現實社會中，我們必須應付各種不同場面，所以也需要有不同類型的人發揮領導力。而本節所要介紹的話是一句很神奇的台詞，它可以在重要時刻幫我們每個人提升自身的領導能力。

知名英國女演員艾瑪・華森（Emma Watson），以飾演《哈利波特》系列電影中的妙麗而聞名。至於這句話是在二〇一四年九月時，艾瑪・華森於紐約聯合國總部的演講中所說出的一句感言。當時艾瑪・華森受到聯合國邀請擔任推廣女權運動的親善大使。在擔任大使的這段期間，艾瑪・華森發揮卓越的領導能力，積極向眾人呼籲「女性受教權」的重要性。在提及自己決定接下聯合國親善大使這個重責大任時，她心裡想的是：「如果不由我來擔負這個責任，那又有誰能擔任呢。」

艾瑪．華森在英國當地的高中以優異的成績畢業後，遠渡重洋進入美國常春藤盟校的布朗大學攻讀英語文學。至於演藝事業方面，艾瑪．華森是在孩提時投入戲劇界，十歲時參加《哈利波特》的試鏡後，便成功獲得飾演妙麗的機會，之後也在每一部系列作中持續飾演妙麗。另外，在一些年輕名人中的資產排行榜上，艾瑪．華森也是經常出現在榜上前幾名的人物，我們可以說她一路走來都非常順遂。

坦白說，我第一次在電視上看到艾瑪．華森演講時，感覺看到一個出乎預料的光景。因為我一直認為艾瑪．華森是一名才女，在這個印象下，原本以為她會在演講中展現出超乎常人的自信和魄力。然而艾瑪．華森的表現卻和我事前的想像完全相反。

在司儀唱名後，上台演講的艾瑪．華森首次發出的聲音顯得有些顫抖，任誰都能發現她相當緊張。不過，演講到了中段時，艾瑪．華森不僅恢復平時沉穩的語調，而且在表達出「我想實現男女平權」的信念後，立刻吸引了全場聽眾的注意。

接著，在場的人開始自然而然地拍手，全體的聽眾也開始仔細聽著艾瑪．華森的每一句話。艾瑪．華森在演講時，有時會正視前方，這個姿態就像是在傾注自己的信念般，散發出新生代領導者的風範。

與刻板印象不同的領導者類型

本節開頭介紹的那句名言，是在艾瑪．華森的演講末段中出現。此時艾瑪．華森一改熱切的語調，露出煩惱的表情，她說：

「也許在場的各位都很納悶，這個演過《哈利波特》的小朋友來到聯合國會議的講台上想表達些什麼？」

這個表達謙虛之意的話，儘管引起會場許多聽眾的鼓掌，但我覺得這句話一說出口後，現場聽眾的善意反而更讓艾瑪．華森難以招架。畢竟艾瑪．華森坦承自己在接下聯合國親善大使的工作後，馬上就感受到前所未有的壓力。不過，艾瑪．華森也說過，在消除這個煩惱前，「如果不由我來擔任，那又有誰能擔任」這句話一直鼓勵著自己。

對一般人來說，在無法應付的心理壓力下，自就會產生出「為什麼是我？不是還有更適合的人選嗎？」的想法。然而，艾瑪．華森卻是反過來對著想逃避現實的自己說「如果不由我來擔任，那又有誰能擔任」，進而讓自己鼓起勇氣決定擔任為女權發聲的領導者。就像魔法一樣，這句話讓艾瑪・華森產生源源不絕的力量。

艾瑪・華森在演講中介紹自己：

「身為一個女演員，我認為自己是最不適合擔任親善大使的人。因為我常常會鑽牛角尖，是個容易否定自我的人。」

演講說到這裡，我們就會發現艾瑪・華森並不是大眾所認為的「能對外表達出強烈主張的領袖型人物」。那麼，讓艾瑪・華森除了能當女演員之外，還能兼任聯合國親善大使，並向世人積極推廣女權的動力又是什麼呢？我想是深藏在她內心裡的使命感和責任感，告訴她「這件事必須由自己身先士卒」因而燃起推廣女權的雄心壯志吧？

身先士卒即是領導力

聽完艾瑪・華森的演講後，讓我想起自己在哈佛商學院遇到的同學們。哈佛商學院是培養商界領導人才的知名教育機構，但其實裡頭有很多學生並不是大眾所認為的領袖型人物。

哈佛商學院在培養領導者時，會不斷強調「率先做事」的重要性，鼓勵學生要率先挑戰沒有任何人想做的事；要相信自己的實力；要比團隊中任何一個人更快搶先踏出第一步。哈佛商學院就是將這種身先士卒的態度定義為領導能力的泉源。

也因此，學生們在面對沒有正確答案的各種問題時，更大聲表達自己所相信的主張。所以這些學生在畢業後，很多人都可以投入需要他們發揮領導能力的職場上。

那麼，我們把這種態度置換到職場裡又是如何呢？有一天，你的上司突然要你擔任某個計畫的負責人，而且這個計畫沒有前例可循。或是你明明沒有作為他人模範的自信，卻突然被任命為帶領新員工進行職前教育的主管。只要我們在一個組織內工作，隨時都有可能面臨不得不肩負重任的情況。

因此我們才更該在平時多鼓勵自己：「要比任何人更快率先踏出第一步。」這麼一來，我們內在的領導者之魂就會燃起熱情。在新的環境或職場上擔任重要職位時，請一定要將艾瑪・華森的這句咒語唸在心頭。

第十章｜總結

● **一切先從破壞中開始**

乾脆地破壞掉現在的一部分，然後在破壞之處創造出全新的自己。

● **假戲真做**

盡力假裝自己有實力，但同時也不要輸給假裝出來的實力。要努力地假戲真做，以此漸漸培養出真正的實力。

● **身先士卒**

領導力就是身先士卒的能力。以「捨我其誰」這句話來勉勵自己，讓自己有勇氣率先做事。

結語

即使是世界頂尖的成功人士，還是得努力不懈，還是會面臨糾結與失敗。

即便如此，他們依然鼓起勇氣不斷向前邁進。推動自己實現更高遠的目標。

直到在終點享受勝利時的喜悅。

而在那之後，就立刻準備往下一個挑戰邁進。

當我們了解這些成功人士常常處於這樣的循環，不可思議的是，我們對他們的實際做法，也能感同身受。

例如以大步幅不斷刷新世界紀錄的短跑健將尤賽恩·波特，有著身材過高的弱點必須克服。

常常發表大膽構想的企業家伊隆·馬斯克，其實性格很內向，然而他靠著正面態度幫助自己打造出樂觀的個性。

還有年紀只有二十多歲的艾瑪・華森，在聯合國總部中發表了感動眾人的演講。她毅然地將怯場的心情收起來，不斷鼓勵自己向前邁進。而當她表明自己是用這樣的心境上演講台時，立刻就吸引全體聽眾的注意。

從他們邁向成功的背景看來，或許這其中的過程，也是他們解決自身弱點並且徹底要求自己努力向上的勵志故事。

我寫這本書的目的，主要是想幫大家具體掌握住自己和頂尖人士之間的差距。在仔細瞭解他們說過的話語後，如果能讓我們找出值得不斷向前邁進的步伐和方向時，那接下來的步驟我想就剩下鼓起勇氣往前踏出一步了。

我在事業不如意、無法提升工作動力、焦躁、覺得失去目標、需要重新振奮精神時，會把本書介紹過的名言重新咀嚼過。因為這些頂尖人士所說過的話帶給我積極向前邁進的能量。

最後，我想簡單地介紹一下自己目前的工作。

我目前的工作主要是協助日本企業將旗下的商品、服務推廣到國際，以及支援做這種國際推廣工作的日本商務人士。國外市場對許多日本商品和服務有極高的評價。

然而在現實環境下，日本商品和服務在國際化方面還未充分發揮潛力。我認為這個現象原因有兩點，第一是日本企業在國際化市場上的溝通能力不足，第二則是在國際市場上的行銷能力不足。

因此，由我所負責的CNEXT PARTNERS公司為了沒有留學、旅居國外的日本商務人士，開辦英語教學課程「VERITAS」（http://veritas-english.jp），協助他們提升英語溝通能力，運用在商場中。

如前文所述，掌握好自己與目標之間的距離很重要。VERITAS的願景就是讓日本人的英語能力提升到「能用簡單的表現，用有邏輯的方式大方地表達意見」的境界。為了達成這個願景，我們準備具體且更有效果的學習環境。創辦這套課程的動機是因為大家會理所當然地想像英語程度好的人能像機關槍一樣不停說著英語，但我認為這代表大家不熟悉「學好英語」這個目標中所需的距離和步驟，而這也是讓許多人難以提升商務英語實力的主因。

另外，我們公司預定在今年春天開始營運有聲導覽服務平台，幫助外國觀光客瞭解日本寺廟、神社、古城等各種設施的歷史和文化魅力。

我認為對外國觀光客而言，由於語言的隔閡而難以滿足對於日本歷史、文化的興趣，因此讓日本的觀光潛力難以獲得充分的發揮。有鑑於此，由敝公司開發的有聲導覽服務，不但能讓外國觀光客有更深刻的日本體驗，也能順利讓他們成為日本傳統文化的粉絲，提高再次造訪日本的意願。

我想讓外國觀光客在旅居日本時深深覺得自己不虛此行，並且以國際化為目標，向國外推銷更多日本商品及服務。所以敝公司目前最主要的計畫，就是盡可能地改善日本企業溝通力和行銷力不足的問題。

本書是編輯自《COURRiER Japon》（講談社web media）所刊載的專欄文章。由於這個連載專欄的關係，我才會用超過三年的時間，每個月認真分析一位頂尖成功人士的名言金句。若我只是單純為了出書賣書，而在短期間內篩選各種名人所說過的話，以撰寫者的立場，我認為這樣實在無法寫出讓人信服的內容。

另外，本書於卷末列出各項參考文獻，由於譯文為了配合本書的寫作目的而做出有別於原文表現的些許改變，故附上〈參考文獻〉供讀者另行確認。

我很感謝提供我連載機會的講談社編輯部，也感謝企劃部唐澤曉久先生的提案，才使這本書有出版的機會。

此外，我還要感謝在工作中曾照顧過我的上司、前輩、同事，以及留學時的同學和恩師。

最後，我要感謝支持我用週末假日寫書的妻子和女兒。

二〇一七年一月
戶塚隆將

參考文獻

『ウサイン・ボルト自伝』ウサイン・ボルト　生島淳・訳　集英社インターナショナル
『ビル・ゲイツ未来を語る』ビル・ゲイツ　西和彦・訳　アスキー
『福翁百話』福澤諭吉　慶應義塾大学出版会
『福翁自伝』福澤諭吉　岩波文庫
『道をひらく』松下幸之助　ＰＨＰ研究所
『ハーバードからの贈り物』デイジー・ウェイドマン　幾島幸子・訳　ダイヤモンド社
『井深大　自由闊達にして愉快なる』井深大　日経ビジネス人文庫
『経営の創造　井深大の語録１００選』藤田英夫　シンポジオン
『イーロン・マスク　未来を創る男』アシュリー・バンス　斎藤栄一郎・訳　講談社
『未来を変える天才経営者　イーロン・マスクの野望』竹内一正　朝日新聞出版
『史上最強のＣＥＯ　イーロン・マスクの戦い』竹内一正　ＰＨＰ研究所
『お客さんの笑顔が、僕のすべて！　世界でもっとも有名な日本人オーナーシェフ、ＮＯＢＵの情熱と

哲学』松久信幸　ダイヤモンド社
『新訳　経営者の条件』P・F・ドラッカー　上田惇生・訳　ダイヤモンド社
『マネジメント　エッセンシャル版』P・F・ドラッカー　上田惇生・編訳　ダイヤモンド社
『株で富を築くバフェットの法則　不透明なマーケットで40年以上勝ち続ける投資法　最新版』ロバート・G・ハグストローム　小野一郎・訳　ダイヤモンド社
『ヴァージン　僕は世界を変えていく』リチャード・ブランソン　植山周一郎・訳　阪急コミュニケーションズ
『ライク・ア・ヴァージン　ビジネススクールでは教えてくれない成功哲学』リチャード・ブランソン　土方奈美・訳　日経BP社
『ヴァージン・ウェイ　R・ブランソンのリーダーシップを磨く教室』リチャード・ブランソン　三木俊哉・訳　日経BP社
『ヘミングウェイの流儀』今村楯夫、山口淳　日本経済新聞出版社
『ヘミングウェイの言葉』今村楯夫　新潮社
『7つの習慣　成功には原則があった！』スティーブン・R・コヴィー　ジェームス・スキナー、川西茂・訳　キングベアー出版

『スティーブ・ジョブズ』ウォルター・アイザックソン　井口耕二・訳　講談社
『iPodは何を変えたのか？』スティーブン・レヴィ　上浦倫人・訳　ソフトバンククリエイティブ
『インテル戦略転換』アンドリュー・S・グローブ　佐々木かをり・訳　七賢出版
『How Google Works　私たちの働き方とマネジメント』エリック・シュミット、ジョナサン・ローゼンバーグ、アラン・イーグル、ラリー・ペイジ　土方奈美・訳　日本経済新聞出版社
『フェイスブック　若き天才の野望』デビッド・カークパトリック　滑川海彦、高橋信夫・訳　日経BP社
『シャネル　人生を語る』ポール・モラン　山田登世子・訳　中公文庫
『ココ・シャネルという生き方』山口路子　新人物文庫
『ココ・シャネル　女を磨く言葉』高野てるみ　PHP文庫
『ココ・シャネル　凛として生きる言葉』高野てるみ　PHP文庫
『経済発展の理論　企業者利潤・資本・信用・利子および景気の回転に関する一研究』上下　J・A・シュムペーター　塩野谷祐一、中山伊知郎、東畑精一・訳　岩波文庫
『〈パワーポーズ〉が最高の自分を創る』エイミー・カディ　石垣賀子・訳　早川書房

向世界頂尖人士學習成功的基本態度／戶塚隆將著；王榆琮譯 -- 初版. 台北市：時報文化, 2019. 03；
面；14.8×21公分
（人生顧問：348）
譯自：世界の一流36人「仕事の基本」
ISBN 978-957-13-7712-4（平裝）
1. 職場成功法 2. 生活指導

494.35

ISBN 978-957-13-7712-4
Printed in Taiwan

人生顧問 348

向世界頂尖人士學習成功的基本態度

世界の一流36人「仕事の基本」

作者 戶塚隆將｜**譯者** 王榆琮｜**編輯** 黃嫣羽｜**美術設計** 陳文德｜**執行企劃** 黃筱涵｜**發行人** 趙政岷｜**出版者** 時報文化出版企業股份有限公司 10803台北市和平西路三段240號四樓｜**發行專線** 02-2306-6842 **讀者服務專線**—0800-231-705・(02)2304-7103 **讀者服務傳真**—(02)2304-6858 **郵撥**—19344724時報文化出版公司 **信箱**—台北郵政79~99信箱 **時報悅讀網**—http://www.readingtimes.com.tw｜**法律顧問**—理律法律事務所 陳長文律師、李念祖律師｜**印刷**—盈昌印刷有限公司｜**初版一刷**—2019年3月29日｜**定價**—新台幣350元｜版權所有 翻印必究｜缺頁或破損的書，請寄回更換

時報文化出版公司成立於1975年，並於1999年股票上櫃公開發行，於2008年脫離中時集團非屬旺中，以「尊重智慧與創意的文化事業」為信念。